LOS NÚMEROS PRIMOS Y GOLDBACH

Julio Cesar Romero Pabón
Roberto Enrique Figueroa Molina
Gabriel Mauricio Vergara Ríos

PRÓLOGO

Esta obra fue diseñada para fortalecer las competencias, los saberes teóricos-conceptuales y el análisis de los números primos de los estudiantes, docentes e investigadores, que estén cursando o necesiten aplicar los tópicos fundamentales en el campo de las matemáticas. Los conceptos, ejemplos y problemas resueltos son explicados con todos los detalles, lo cual, se evidencia al analizar o resolver un problema, el que se presenta paso a paso en los temas que trata el texto. Además, se incorporan definiciones, teoremas, algoritmos y programas que son fundamentales para abordar la comprensión y solución de los problemas tratados en el estudio.

La experiencia como docente de matemática durante años, me ha enseñado que el tema de número primos es tópico difícil de aprender sin analizarlos o comprenderlos, por ello es necesario practicar y aplicar cada uno de estos temas trascendentales en la teoría de números, por tal motivo, se han incorporado en cada capítulo un grupo de problemas y ejercicios claves para su estudio y comprensión, con el fin que el estudiante, docente e investigador los realice y analice, para así, reconstruir un aprendizaje sólido sobre la teoría de los números primos, a través de las situaciones expresadas en los conceptos, ejemplos, ejercicios o talleres de aplicación.

LOS AUTORES

PRESENTACIÓN

El texto está encaminado a orientar los procesos de enseñanza y aprendizaje de la matemática en las instituciones de educación superior, con el propósito que estudiantes y docentes dispongan de un material ineludible en la solución de problemas e investigaciones referidas con el tema. Además, el documento dispone en su estructura la información adecuada para esclarecer los conocimientos, reglas, teoremas y conjeturas, útiles en el desarrollo y en la aplicación de tópicos afines con los números primos.

La intención de los recursos dispuestos en el cuerpo de la obra es plantear la complejidad de la temática referida con los números primos, de forma fácil y entendible para los interesados en estudiar la teoría de números, usable y aplicable en la realidad, como también en los estudiantes que no estén interesados en las matemáticas como disciplina, pero sí como herramienta útil en otras áreas del conocimiento.

La fortaleza teórico-práctica del presente proyecto para la enseñanza y aprendizaje sobre los números primos va dirigido al estudiante, docentes e investigadores, pues, en el libro los temas son presentados con una variedad de estrategias encaminadas a brindar un escenario significativo para el aprendizaje de la teoría de números. Es por estas razones que los ejemplos fueron diseñados y seleccionados para que el estudiante o lector comprenda y aplique fácilmente cada uno de los tópicos tratados en esta obra.

Docentes expertos en la materia se encargaron de la revisión de: la teoría, los ejemplos, los teoremas, conjeturas y aplicaciones, que contribuyeran con potenciar este proyecto de matemáticas. Es por esto, que hoy consideramos conveniente presentar esta obra, porque cada uno de sus capítulos fue elaborado para que el lector conciba y aplique cada uno de los temas sobre la lógica tratados en este libro.

INTRODUCCIÓN

El escrito refiere a los resultados de una investigación sobre los números primos, dentro de un conjunto de números estimados para su análisis y procesamiento. El tema de indagación ha captado la atención de matemáticos altamente influyentes en el desarrollo de los números, como es el caso de Euclides y Gauss, el primero dio los fundamentos para la aritmética, basada en la descomposición de un número en sus factores únicos, temas de importancia para la obtención del máximo común divisor y del mínimo común múltiplo. Mientras que Gauss analizó su obtención y distribución, considerándolas como un tema de complejidad, ya que, no pudo encontrar un patrón que le permitiera calcular y predecir los números primos. Las investigaciones sobre los números primos se consideran hoy de primordial importancia, puesto que, son una pieza significativa para la producción de algoritmos y cálculos complejos.

El trabajo contiene una demostración de las conjeturas de Goldbach (1742), la fuerte como la débil, las cuales afirman que: "Todo número par mayor que dos puede escribirse como suma de dos números primos" y que "Todo número impar mayor que cinco puede escribirse como la suma de tres números primos". Para realizar estas demostraciones se analizó inicialmente todas las combinaciones para obtener los números pare e impares generados al sumar respectivamente dos o tres números primos (Hardy, G.H. 1921). Al final se obtuvieron dos relaciones matemáticas relevantes, demostradas por el método de inducción matemática, que permite verificar la validez de estas conjeturas.

El estudio de los números primos es un tema esencial para las matemáticas, como el caso del Teorema Fundamental de la Aritmética, afirma que, cualquier número puede descomponerse en un producto único de números primos. El concepto de descomponer un número en factores únicos lo introdujo Euclides [1], quien hizo grandes aportes a las matemáticas y a la geometría. En el texto se presenta un algoritmo, para obtener los números primos de un conjunto grandemente estimado, como también el análisis relacionado con la cantidad de números primos que concurren en determinado intervalo de números, su organización, clasificación y diferencias que coexisten entre ellos. En la actualidad los números primos son altamente estudiados, se emplean para codificar cualquier tipo de información de forma segura, puesto que, estos números son únicos y no se ajustan a ninguna regla o patrón para construirlos.

La importancia de la criptografía en la seguridad de los sistemas se ha concentrado en el estudio, obtención y comportamiento de los números primos. Ya que, usan estos números para los sistemas de seguridad en los productos bancarios como son los números secretos, transferencias bancarias y otras operaciones que implican el flujo de activos o valores. También son usados, para la seguridad en las comunicaciones realizada telemáticamente por medio de la Internet. Es importante resaltar que estamos en la era de la tecnología, la información y el conocimiento, quienes poseen estos factores tienen el control de todo el sistema. Es por ello, se busca conocer los números primos, porque, estos están presentes de manera natural, pues, van apareciendo de manera espontánea, debido a que las matemáticas forman parte de nuestro conocimiento técnico y científico.

TABLA DE CONTENIDO

1. REFERENTES TEÓRICOS

El término primo se deriva del latín "primus" que significa primero (protos en griego). En matemáticas un número primo es aquel número natural que sólo puede dividirse por 1 y por sí mismo. El teorema fundamental de la aritmética afirma que todo número entero se expresa de forma única como producto de números primos. Por eso, se les considera los "primeros", porque a partir de ellos obtenemos todos los demás números enteros. Este resultado y otros no menos importantes han llevado a considerar a los números primos como "los primeros", porque a partir de estos se obtienen todos los demás números naturales. Adicionalmente, Trejos [2], afirma que la primalidad es la propiedad que tiene un número de ser, precisamente, primo; agrega que, debido a que el único número primo par es 2, es frecuente escuchar que se utilice el término primo impar para referirse a cualquier primo mayor que 2.

Por la importancia de los números primos, desde su descubrimiento, los matemáticos, ingenieros y aficionados a las matemáticas, han realizado enormes esfuerzos por conseguir fórmulas que permitan determinar con rapidez cuando un entero es primo. Sin embargo, a la fecha no existe una formula o algoritmo que así lo permita; sin embargo, el trabajo no ha sido en vano, ya que esto ha permitido descubrir importantes propiedades de estos números, por ejemplo, la consecución de estos desde dos hasta un número determinado y, como lo ocurrido en diciembre de 2018 [3], año en el que el ingeniero estadounidense Johanathan Pace, mediante programación encontró que $2^{82589933} - 1$ es primo, el cual pertenece a una importante familia de números conocida como los primos de Mersenne y por ello, este es conocido hoy en la literatura matemática como M82589933, y con la especial característica que este tiene 24.862.048 dígitos, es decir, tiene más de medio millón de dígitos que el anterior primo $2^{77232917} - 1$, considerado el hasta entonces primo más grande conseguido .

NOTA: Los números de la forma $2^p - 1$ con p primo, se llaman números de Mersenne y, fueron bautizados así en honor a su mentor el monje francés Marín Mersenne (1588-1648) quien los estudió detalladamente en 1644 en su libro Cogitata Physica–Mathematica. A los números de Mersenne que son primos se les llama primos de Mersenne y se denotan por Mp.

1.1 ALGORITMO PARA ENCONTRAR UN NÚMERO PRIMO

El algoritmo es utilizado para verificar si un número (n) es primo es el de la división. El cual consiste en ir probando con residuo de la división para ver si tiene algún divisor propio. Para implementarlo se va dividiendo el número (n) entre 2, 3, 4, 5, ..., n-1. Si alguna de las divisiones es exacta entonces su residuo es cero, y por los tanto se puede afirmar que el número (n) es compuesto. Pero si ninguna de estas divisiones es exacta, el número (n) es primo. A continuación, se explicarán tres algoritmos utilizados para verificar si un número es primo o no.

➢ **Método 1. Por definición de los números es primos.** Este método hace uso de la definición general sobre los números primos, la cual afirma que un número natural es primo si solo si es divisible por el mismo y la unidad. Su programación en Matlab seria de la forma:

```
disp('******* CÁLCULO DE LOS NÚMEROS PRIMOS *******')
disp('MÉTODO 1. POR DEFINICIÓN')
disp(' ')
disp('Número a verificar si es primo o no')
```

```
n=41
c=1;
res=1;
tic
if n==2
    disp('El número es primo')
    toc
    tiempo=toc
    break
else
    for j=[2:1:n-1]
        res(c)=mod(n,j);
        c=c+1;
    end
    residuo=res;
    minimo = min(res);
end
if minimo==0
    disp('El número no es primo')
    num=n
else
    disp('El número es primo')
    num=n
end
toc
tiempo=toc
```

> **Método 2. Optimizando el 50% de la definición de los números primos.** Este método hace uso de la definición general sobre los números primos, pero solo se dividirá el número (n) entre 2, 3, 4, 5, ..., n/2. Si alguna de las divisiones es exacta entonces su residuo es cero, y por los tanto se puede afirmar que el número (n) es compuesto. Pero si ninguna de estas divisiones es exacta, el número (n) es primo. Su programación en Matlab es de la forma:

```
clc
clear all
disp('******* CÁLCULO DE LOS NÚMEROS PRIMOS *******')
disp('MÉTODO 2. OPTIMIZANDO EL 50% DE LA DEFINICIÓN Ó n/2')
disp(' ')
disp('Número a verificar si es primo o no')
n=13
nm=round(n/2)
c=1;
res=1;
tic
if n==2
    disp('El número es primo')
    toc
    tiempo=toc
    break
else
    for j=[2:1:nm]
        res(c)=mod(n,j);
```

```
      c=c+1;
   end
   residuo=res;
   minimo = min(res);
end
if minimo==0
   disp('El número no es primo')
   num=n
else
   disp('El número es primo')
   num=n
end
toc
tiempo=toc
```

> **Método 3. Optimizando al máximo de la definición de los números primos.** Este método hace uso de la definición general sobre los números primos, pero solo se dividirá el número (n) entre 2, 3, 4, 5, ..., y el entero aproximado hacia arriba de $\sqrt{n}$. Si alguna de las divisiones es exacta entonces su residuo es cero, y por los tanto se puede afirmar que el número (n) es compuesto. Pero si ninguna de estas divisiones es exacta, el número (n) es primo. Su programación en Matlab es:

```
clc
clear all
disp('******* CÁLCULO DE LOS NÚMEROS PRIMOS *******')
disp('MÉTODO 3. OPTIMIZANDO CON n^(1/2)')
disp(' ')
disp('Número a verificar si es primo o no')
n=23
%n =100000
nm=round(n^(1/2))
c=1;
res=1;
tic
if n==2
   disp('El número es primo')
   toc
   tiempo=toc
   break
else
   for j=[2:1:nm]
      res(c)=mod(n,j);
      c=c+1;
   end
   residuo=res;
   minimo = min(res);
end

if minimo==0
   disp('El número no es primo')
   num=n
else
   disp('El número es primo')
```

```
    num=n
end
toc
tiempo=toc
```

Este método puede hacerse más eficiente observando simplemente, que si un número es compuesto alguno de sus factores (sin contar el 1) debe ser menor o igual que $\sqrt{n}$. Por lo tanto, el número de divisiones a realizar es menor. Sólo hay que dividir entre 2, 3, 4, 5, ... , $\sqrt{n}$. En realidad, bastaría hacer las divisiones entre los números primos menores o iguales que $\sqrt{n}$.

Ejemplo: Para probar que 311 es primo sabiendo que $\sqrt{311} = 17.635192\ldots$ basta con ver que no es divisible entre 2, 3, 5, 7, 11, 13 y 17.

Este procedimiento resulta eficiente para números o factores pequeños. Sin embargo, si el número tiene por ejemplo unas 24 cifras y es primo, habrá que realizar miles de millones de divisiones para comprobarlo. Aunque un ordenador pueda realizar millones de divisiones en un segundo, el tiempo necesario es bastante considerable. Y cuando el número de dígitos aumenta el tiempo necesario ¡crece de forma exponencial!

1.1.1 ANÁLISIS DE LOS MÉTODOS 1, 2 Y 3 PARA VERIFICAR SI UN NÚMERO ES PRIMO

Para verificar la efectivad de los métodos anteriores se hará uso de 36 (treinta y seis) números número primos, tal como se muestra en la siguiente tabla.

Tabla 1. Efectividad de los métodos sobre los números primos

Números primos	Método 1 Tiempo empleado (seg)	Método 2 Tiempo empleado (seg)	Método 3 Tiempo empleado (seg)
2	0,002	0,001	0,001
3	0,006	0,007	0,013
5	0,001	0,022	0,016
7	0,009	0,016	0,015
11	0,015	0,016	0,015
13	0,015	0,016	0,031
17	0,016	0,031	0,015
19	0,016	0,016	0,032
23	0,016	0,03	0,015
29	0,016	0,03	0,016
31	0,015	0,031	0,015
37	0,015	0,016	0,031
41	0,016	0,015	0,015
43	0,015	0,016	0,031
47	0,015	0,031	0,031
53	0,015	0,016	0,016
59	0,015	0,015	0,03
61	0,016	0,015	0,03
67	0,016	0,015	0,031
71	0,015	0,031	0,015
73	0,015	0,015	0,015
79	0,015	0,016	0,015
83	0,016	0,017	0,015
89	0,016	0,015	0,015
97	0,016	0,016	0,016
. . .	. . .	. . .	. . .
1000003	2080,9	462,81	0,026
1000033	1,070	0,661	0,001
1000037	1,039	0,486	0,01
1000039	0,965	0,447	0,015
1000081	1,155	0,521	0,029
1000099	1,038	0,515	0,03

1000117	1,051	0,47	0,002
1000121	0,981	0,456	0,029
1000133	1,025	0,483	0,03
1000151	1,028	0,489	0,016

Se puede apreciar que el método más eficiente es el tres (3), seguido del método dos (2) y por último está el método 1 (uno). El método 3 muestra su eficiencia a medida que el número natural a verificar si es primo sea grande.

1.2 LA SUCESIÓN DE LOS NÚMEROS PRIMOS

La sucesión de los números primos es impredecible actualmente. Euler (1737) [4] realizó un comentario sobre los números primo en una ocasión, afirmando que "los matemáticos han intentado en vano hasta la fecha descubrir algún orden en la sucesión de los números primos, y tenemos razones para creer que es un misterio en el que la mente no podrá penetrar nunca". En una conferencia dada por Zagier (1975) [5], éste señaló que:

"Hay dos hechos en torno a la distribución de los números primos que espero crean tan abrumadoramente, que quedarán por siempre grabadas en sus corazones. La primera es que a pesar de su sencilla definición y de su papel como ladrillos que construyen los números naturales, los números primos crecen como la mala hierba alrededor de los números naturales, simulando no obedecer otra ley que la del azar, y nadie puede predecir donde brotará el siguiente. El segundo hecho es incluso más asombroso, porque dice justamente lo opuesto: que los números primos hacen gala de una pasmosa regularidad, que hay leyes que gobiernan su comportamiento, y que obedecen esas leyes con una precisión casi militar" (Havil, 2003, p. 171).

Con el paso del tiempo se han hechos avances sobre el estudio de los números primos y resultados significativos en este campo de estudio, si miramos hacia atrás parecen titánicos. En primer lugar, porque contamos con ordenadores donde se pueden desarrollar algoritmos para analizar los números primos, los cuales pueden almacenarse en tablas o bases de datos para luego estudiarlos bien. Además, se puede corroborar la teoría o aportes realizados por otros matemáticos sobre los números primos.

1.3 EL TEOREMA DEL NÚMERO PRIMO

La función $\pi(n)$ nos dice cuántos números primos hay en el intervalo [0, n] se representa por:

$$\pi(n) = \frac{n}{\ln(n)} \cong Li(x)$$

$$\pi(n) = \# \{p \leq n, p \text{ primo}\}$$

Legendre y Gauss (1798-1792) dedicaron mucho tiempo y esfuerzo a calcular números primos y contar los que había en grandes intervalos. Conjeturaron que el valor de π(n) podía aproximarse por $\frac{n}{\ln(n)}$.

Chebychev (1850), en su intento de demostrar esta conjetura, obtiene que existen dos constantes c1 y c2 verificando $0 < c1 \leq 1 \leq c2 < \infty$ tales que

$$c1 \cdot \frac{n}{\ln(n)} \leq \pi(n) \leq c2 \cdot \frac{n}{\ln(n)}$$

13

Sylvester (1881) obtiene otro resultado similar, pero más fino; a saber, que

$$0{,}96695 \leq c1 \leq 1 \leq c2 \leq 1{,}04423$$

El teorema del número primo provee una aproximación asintótica al valor de π(n) y se expresa de la siguiente forma:

$$\lim_{n \to \infty} \frac{\pi(n)^n}{\dfrac{n}{\ln(n)}} = 1$$

Esta ecuación fue demostrada en primer lugar por Hadamard y Vallée Poussin (1896) basándose en algunas propiedades de la función Zeta de Riemann (1896).

Una mejor aproximación de π(x) es la función $Li(x)$.

$$Li(x) = \int_2^x \frac{dt}{\ln(t)} = \frac{x}{\ln(x)} + \frac{x}{(\ln(x))^2} + \frac{2x}{(\ln(x))^3} + \cdots$$

Lo cual equivale a decir que

$$\frac{n}{\ln(n)} + \frac{n}{(\ln(n))^2} + \frac{2n}{(\ln(n))^3} + \cdots$$

Se aproxima mejor a $\pi(n)$ que $\frac{n}{\ln(n)}$.

Koch (1901) demuestra que la Hipótesis de Riemann (1896) es equivalente a la desigualdad.

$$|\pi(x) - Li(x)| \leq c\sqrt{x}\ln(x)$$

Erdös (1949) y Selberg (1950) formulan demostraciones más sencillas en el sentido que no se apoyan en "herramientas de gran calibre" como la función zeta o similares.

Para valores de (n) no enorme se comprobó que π(n) < Li(n), lo cual dio lugar a la conjetura que la desigualdad es verificable para todo valor de (n). Sin embargo, la conjetura fue refutada por Littlewood (1914) al demostrar que ambas funciones se cruzan infinitas veces. Posteriormente Skewes (1933) [6] demostró que el primer encuentro de ambas funciones ocurre para un (n) menor que 10^(10^(10^ (34)). Este número se redujo después hasta 10^(371).

El programa en Matlab para calcular los números la cantidad de números primos usando el algoritmo de $\pi(n)$ y de Li(x) dentro de un intervalo [0, n] donde n es un natural es:

```
clc
clear all
disp('****** CANTIDAD DE NÚMEROS PRIMOS ******')
disp('***USO DEL METODO 3. PARA CALCULAR LOS NÚMEROS PRIMOS. CON n^(1/2) ***')
disp(' ')
disp('Digite el número natural n, para encontrar los primos menores que n.')
n =1000
tic;
c=1;
primos(c)=2;
```

```
for i=[3:n]
  for j=[2:1:round(i^(1/2))]
   res=mod(i,j);
     if res==0
        break
     else
        if j==round(i^(1/2))
        c=c+1;
        primos(c)=i;
        end
     end
  end
end
toc;
tiempo=toc
disp('CÁLCULO DE LA CANTIDAD DE PRIMOS HASTA n')
cantidad_primos=length(primos)
disp('CANTIDADES DE PRIMOS POR APROXIMACIÓN')
disp('Método 1. de pi_n')
pi_n=n/log(n)
Error_pi_n_abs=abs(cantidad_primos-pi_n)
Error_pi_n_rel=abs((cantidad_primos-pi_n)/cantidad_primos)
Error_pi_n_rel_porcentual=Error_pi_n_rel*100
disp('Metodo 2. de Li_n')
Li_n= n/log(n) + n/(log(n))^2 + (2*n)/(log(n))^3
Error_Li_n_abs=abs(cantidad_primos-Li_n)
Error_Li_n_rel=abs((cantidad_primos-Li_n)/cantidad_primos)
Error_Li_n_rel_porcentual=Error_Li_n_rel*100
disp('Hipótesis de Riemann:  | pi(n) - Li(n) | <= C n^(1/2) ln(n)')
C=abs(pi_n - Li_n)/(n^2*log(n) )
```

Al ejecutar el código anterior y tomando el valor de n = 1000, los resultados son:

******* CANTIDAD DE NÚMEROS PRIMOS *******

***USO DEL MÉTODO 3. PARA CALCULAR LOS NÚMEROS PRIMOS. CON n^(1/2) ***

Digite el número natural n, para encontrar los primos menores que n.

n = 1000

Tiempo = 0.03000000000000

CÁLCULO DE LA CANTIDAD DE PRIMOS HASTA n

Cantidad de primos = 168

CANTIDADES DE PRIMOS POR APROXIMACIÓN

Método 1. de $\pi(n)$

$\pi(n)$= 1.447648273010840e+002

Error absoluto de $\pi(n)$ = 23.23517269891605

Error relativo de $\pi(n)$ = 0.13830459939831

Error relativo porcentual de $\pi(n)$ = 13.83045993983098 %

Método 2. de $Li(n)$

$Li(n)$ = 1.717893135790079e+002

Error absoluto de $Li(n)$ = 3.78931357900788

Error relativo de $Li(n)$= 0.02255543797029

Error relativo porcentual de $Li(n)$= 2.25554379702850%

Hipótesis de Riemann: $|\pi(x) - Li(x)| \leq c \sqrt{x} \ln(x)$, de donde se obtiene que:
$$c \geq 3.912195088924170 * 10^{-6}$$

1.4 FORMULAS GENERADORAS DE NÚMEROS PRIMOS

Por mucho tiempo, el hombre ha buscado la forma de encontrar fórmulas que le permitan generar números primos. Por lo general estas fórmulas están en función de los números naturales, con el objetivo de asociar a cada número natural un número primo. En la actualidad que existen varias funciones generadoras de números primos, las cuales están limitadas a la obtención de estos números. En la búsqueda de estas funciones, se han obtenido funciones polinómicas, como es el polinomio dado por: $p(n) = n^2 + n + 41$, el cual fue estudiado por Leonardo Euler, pero este polinomio solo devuelve valores primos de forma no interrumpidamente cuando n toma valores de 1 a 40.

El código en Matlab para la programación de esta función generadora de números primos usando el polinomio cuadrado antes mencionado es:

```
clc; clear all; syms x
disp('Generación de números primos usando el polinomio cuadrático')
primos=primes(100)
tam_prim=length(primos)
Vnp=[1:tam_prim];
ec=x^2-x+41
sol=solve(ec,'x')
n=[1:10^4];
Vp=n.^2-n+41;
Veri=isprime(Vp);
M=[n' Vp' Veri']
cantidad_primo=sum(Veri)
no_primos=n(end)-cantidad_primo
porcentaje=cantidad_primo/n(end)*100
hist(Veri)
figure
plot(n,Vp,'*')
title('Polinomio cuadrático'); xlabel('Naturales (n)'); ylabel('p(n)'); grid on
```

Los resultados obtenidos al aplicar el programa anterior son:

Tabla 2. Números primos generados por el polinomio $p(n) = n^2 + n + 41$

n	$p(n) = n^2 + n + 41,$	Conclusión	n	$p(n) = n^2 + n + 41,$	Conclusión
1	41	Es primo	51	2591	Es primo
2	43	Es primo	52	2693	Es primo
3	47	Es primo	53	2797	Es primo
4	53	Es primo	54	2903	Es primo
5	61	Es primo	55	3011	Es primo
6	71	Es primo	56	3121	Es primo
7	83	Es primo	57	3233	No es primo
8	97	Es primo	58	3347	Es primo
9	113	Es primo	59	3463	Es primo
10	131	Es primo	60	3581	Es primo
11	151	Es primo	61	3701	Es primo
12	173	Es primo	62	3823	Es primo
13	197	Es primo	63	3947	Es primo
14	223	Es primo	64	4073	Es primo
15	251	Es primo	65	4201	Es primo
16	281	Es primo	66	4331	No es primo
17	313	Es primo	67	4463	Es primo
18	347	Es primo	68	4597	Es primo
19	383	Es primo	69	4733	Es primo
20	421	Es primo	70	4871	Es primo
21	461	Es primo	71	5011	Es primo
22	503	Es primo	72	5153	Es primo
23	547	Es primo	73	5297	Es primo
24	593	Es primo	74	5443	Es primo
25	641	Es primo	75	5591	Es primo
26	691	Es primo	76	5741	Es primo
27	743	Es primo	77	5893	No es primo
28	797	Es primo	78	6047	Es primo
29	853	Es primo	79	6203	Es primo
30	911	Es primo	80	6361	Es primo
31	971	Es primo	81	6521	Es primo
32	1033	Es primo	82	6683	No es primo
33	1097	Es primo	83	6847	No es primo
34	1163	Es primo	84	7013	Es primo
35	1231	Es primo	85	7181	No es primo
36	1301	Es primo	86	7351	Es primo
37	1373	Es primo	87	7523	Es primo
38	1447	Es primo	88	7697	No es primo
39	1523	Es primo	89	7873	Es primo
40	1601	Es primo	90	8051	No es primo
41	1681	No es primo	91	8231	Es primo
42	1763	No es primo	92	8413	No es primo
43	1847	Es primo	93	8597	Es primo
44	1933	Es primo	94	8783	Es primo
45	2021	No es primo	95	8971	Es primo
46	2111	Es primo	96	9161	Es primo
47	2203	Es primo	97	9353	No es primo
48	2297	Es primo	98	9547	Es primo
49	2393	Es primo	99	9743	Es primo
50	2491	No es primo	100	9941	Es primo

Con base en los resultados obtenidos en la tabla anterior, se puede apreciar la exactitud del polinomio cuadrático para los valores de n comprendidos entre 1 y 40. Para los valores de n mayores que 41 la función genera número primo y números no primos, Para el caso de n de 1 a 100 la función generó el 86 de los números primos. La gráfica de esta función cuadrática está dada por:

Gráfica 1. Polinomio $p(n) = n^2 + n + 41$

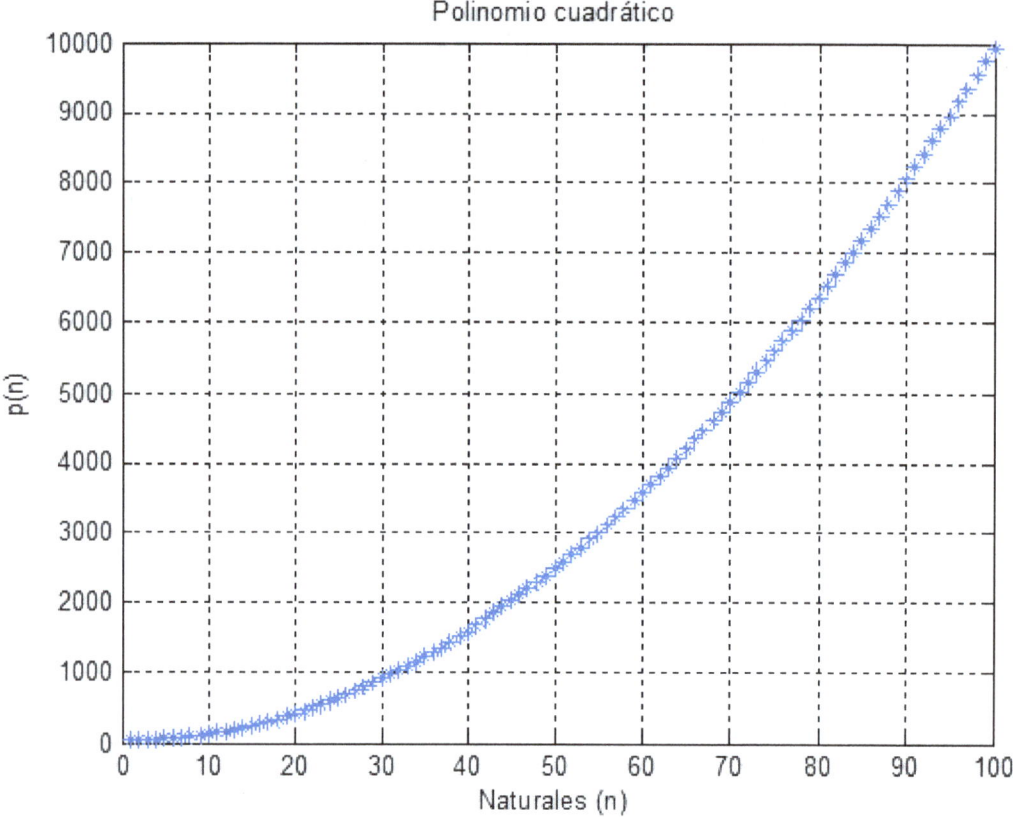

Se puede observar que el polinomio no tiene raíces en los reales, pero si en los complejos, para calcularlas se procede de la siguiente manera:

$$n^2 + n + 41 = 0$$

De donde se obtiene que:

$$n_1 = \frac{1}{2} + \frac{\sqrt{163}}{2}\, i$$

$$n_2 = \frac{1}{2} - \frac{\sqrt{163}}{2}\, i$$

La siguiente tabla contiene los resultados obtenidos de analizar la cantidad de números primos que genera el polinomio cuadrático. Se puede observar que el polinomio genera más número primo en el intervalo de 1 a 1700.

Tabla 3. Cantidad de números primos generados por el polinomio cuadrático

Intervalo de números naturales	Números primos	Números no primos	Frecuencia acumulativa de números primos	Frecuencia acumulativa de números no primos
1-100	86	14	86	14
101-200	70	30	156	44
201-300	55	45	211	89
301-400	59	41	270	130
401-500	56	44	326	174
501-600	57	43	383	217
601-700	48	52	431	269
701-800	48	52	479	321
801-900	52	48	531	369
901-1000	50	50	581	419
1001-1100	42	58	623	477
1101-1200	51	49	674	526
1201-1300	45	55	719	581
1301-1400	44	56	763	637
1401-1500	46	54	809	691
1501-1600	40	60	849	751
1601-1700	45	55	894	806
1701-1800	42	58	936	864
1801-1900	43	57	979	921
1901-2000	42	58	1021	979
2001-2100	50	50	1071	1029
2101-2200	46	54	1117	1083
2201-2300	37	63	1154	1146
2301-2400	45	55	1199	1201
2401-2500	43	57	1242	1258
2501-2600	41	59	1283	1317
2601-2700	42	58	1325	1375
2701-2800	43	57	1368	1432
2801-2900	42	58	1410	1490
2901-3000	39	61	1449	1551

La siguiente gráfica muestra el comportamiento de la cantidad de números primos que genera el polinomio cuadrático. Las barras de color azul representan la cantidad de números primos generados, mientras que las barras de color naranja indica la cantidad de números no primos generados por el polinomio cuadrático.

Gráfica 2. Cantidad de números primos generados por el polinomio cuadrático

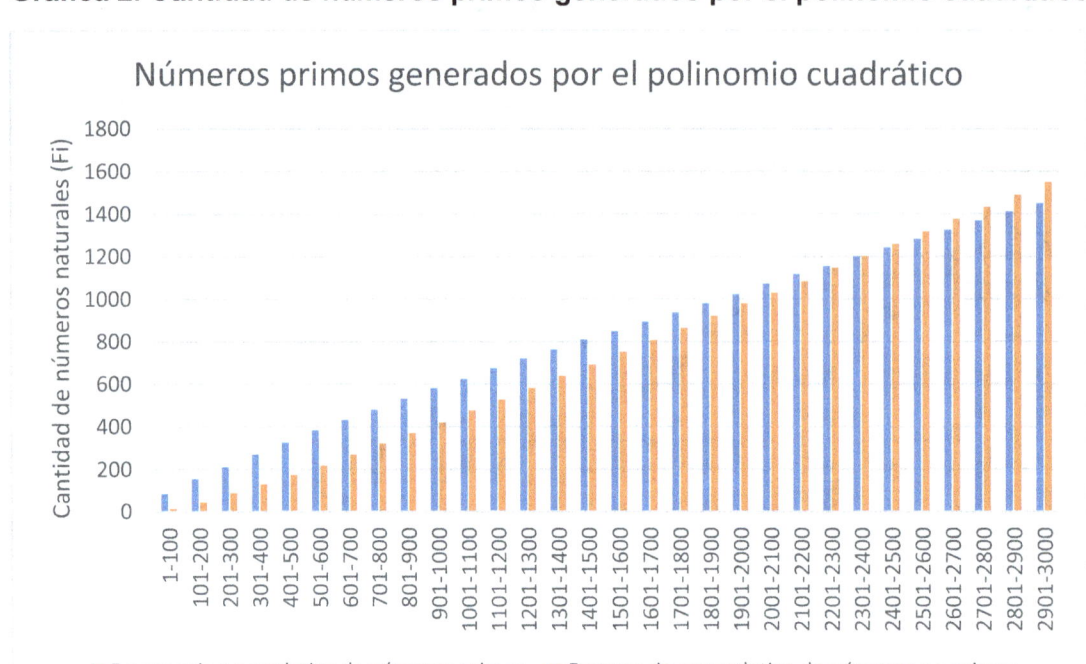

También existen polinomios en varias variables, cuyas variables son números naturales O números primos, como es el caso del polinomio de Jones, Sato, Wada y Wiens en 1976. Una de las desventajas de este polinomio es que no es muy práctico para obtener los resultados. Otra función encontrada para generar números primos está dada por el teorema de Mills, el cual resalta que existe una constante θ que cumple con $[\![\theta^{3^n}]\!]$, pero todavía no se conoce ninguna fórmula que permita calcular la constante de Mills. En las siguientes tablas se muestran los resultados obtenidos de aplicar el teorema de Mills para generar números primos usando la constante θ con los siguientes valores 1.2 y con el valor de la constante basada en la hipótesis de Riemann hasta el momento que es: 1.30637788386308069046.

El código en Matlab para la programación del método de Mills es:

```
clc
clear all
disp('Generación de números primos con Mills')
n=[1:25];
t=1.30637788386308069046
Vp=round(t.^(3.*n));
Veri=isprime(Vp);
M=[n' Vp' Veri']
cantidad_primo=sum(Veri)
no_primos=n(end)-cantidad_primo
```

Los resultados obtenidos al aplicar el método de Mills son:

Tabla 4. Números primos generados por $f(n) = [\![\theta^{3n}]\!]$ con $\theta = 1.2$

Natural n	Número generado $f(n) = [\![\theta^{3n}]\!]$	Conclusión
1	2	Es primo
2	3	Es primo
3	5	Es primo
4	9	No es primo
5	15	No es primo
6	27	No es primo
7	46	No es primo
8	79	Es primo
9	137	Es primo
10	237	No es primo
11	410	No es primo
12	709	Es primo
13	1225	No es primo
14	2116	No es primo
15	3657	No es primo
16	6320	No es primo
17	10921	No es primo
18	18871	No es primo
19	32609	Es primo
20	56348	No es primo
21	97369	Es primo
22	168253	Es primo
23	290741	No es primo
24	502400	No es primo
25	868147	No es primo
Total de números primos		9
Total de números no primos		16

Tabla 5. Números primos generados por $f(n) = [\![\theta^{3n}]\!]$ **con** $\theta = 1.30637788386308069046$

Natural n	Número generado $f(n) = [\![\theta^{3n}]\!]$	Conclusión
1	2	Es primo
2	5	Es primo
3	11	Es primo
4	25	No es primo
5	55	No es primo
6	123	No es primo
7	274	No es primo
8	610	No es primo
9	1361	Es primo
10	3034	No es primo
11	6765	No es primo
12	15083	Es primo
13	33627	No es primo
14	74971	No es primo
15	167146	No es primo
16	372652	No es primo
17	830825	No es primo
18	1852321	No es primo
19	4129740	No es primo
20	9207234	No es primo
21	20527479	No es primo
22	45765908	No es primo
23	102034853	No es primo
24	227486171	No es primo
25	507179230	No es primo
Total de números primos		5
Total de números no primos		20

1.5 NÚMEROS PRIMOS DE FERMAT

Estos números se encuentran relacionados con la construcción de un polígono regular usando regla y compás, se caracterizan por tener la forma $F_n = 2^{2^n} + 1$, con n que pertenece a los naturales. Hasta el momento se han conseguido 5 números primos con la función de Fermat cuando n toma los valores de 0, 1, 2, 3 y 4, mientras que cuando n toma valores entre 5 y 32 se obtienen números compuestos. En la siguiente tabla se muestran los números primos obtenidos al usar la relación de Fermat.

El código en Matlab de la programación del método de Fermat es:

```
clc
clear all
disp('Números primos de Fermat')
n=[0:4];
Vp=2.^(2.^n)+1;
Veri=isprime(Vp);
M=[n' Vp' Veri']
cantidad_primo=sum(Veri)
no_primos=abs(1+n(end)-cantidad_primo)
```

Los resultados obtenidos al ejecutar el código anterior son:

Tabla 6. Números primos de Fermat

Natural (n)	Número generado $F_n = 2^{2^n} + 1$	Conclusión
0	3	Es primo
1	5	Es primo
2	17	Es primo
3	257	Es primo
4	65537	Es primo

La prueba de primalidad para estos números ha sido un gran problema debido a que estos crecen exponencialmente muy rápidos, en la actualidad solo se ha aplicado los test de primalidad para valores de n pequeños.

1.6 PRIMOS DE MERSENNE

A los números primos de la forma $2^n - 1$ se les llama primos de Mersenne. Es fácil demostrar que si $2^n - 1$ es primo, entonces (n) debe ser primo. Si suponemos que (n) es compuesto, pongamos n = a·b (a, b>1), entonces

$$2^n - 1 = (2^a)^b - 1 = (2^a - 1)(2^{a(b-1)} + 2^{a(b-2)} + \cdots + 2^a + 1)$$

Y por lo tanto $2^n - 1$ también es compuesto. Pero el hecho de que (n) sea primo no asegura que $2^n - 1$ sea primo. Una propiedad destacable es que si p es primo y 2^p-1 es compuesto entonces sus factores son de la forma 2kp+1. Por ejemplo, pero 2^11-1 = 2047 = 23·89 y 23 = 2·11+1, 89 = 8·11+1.

Todavía no se sabe si los números de primos de Mersenne son finito o infinito.

El código en Matlab para calcular los números primos de Mersenne y verificar si es primo o no es el siguiente:

```matlab
clc
clear all
format long
disp('******* LOS PRIMOS DE MERSENNE *******')
disp(' ')
disp('Números primo')
primos=[2, 3, 5, 7, 11, 13, 17, 19, 23, 29]'
ve=primos;
disp('Números a verificar si son primos o no')
prim_Mer=2.^ve-1'
tam=length(prim_Mer);
for i=[1:tam]
    n=prim_Mer(i);
    tic;
    if n==2
        disp('El número es primo')
        pM(i)=1; %1 es primo
        p=primos(i);
        num=n
        tiempo(i)=toc;
    else
        c=1;
        res=1;
        %Metodo 3
        nm=round(n^(1/2));
        for j=[2:1:nm]
            res(c)=mod(n,j);
            c=c+1;
        end
        residuo=res;
        minimo = min(res);
        if minimo==0
            disp('El número no es primo')
            pM(i)=0; %0 no es primo
            p=primos(i);
            num=n
        else
            disp('El número es primo')
            pM(i)=1; %1 es primo
            p=primos(i);
            num=n
        end
    end
end
```

```
tiempo(i)=toc;
end
M=[primos prim_Mer pM' tiempo'];
disp('_____')
disp('    Primos      P_Mersenne    Es_Primos    tiempo')
disp('_____')
disp(M)
disp('_____')
```

En la siguiente tabla se muestra los resultados de haber puesto a correr el programa anterior para obtener los primos de Mersenne.

Tabla 7. Números primos de Mersenne

Números Primos (p)	Primos de Mersenne o (2^p-1)	Es Primo (2^p-1)	Tiempo (seg)
2	3	Si	0.006
3	7	Si	0.003
5	31	Si	0.003
7	127	Si	0.02
11	2047	No	0.02
13	8191	Si	0.016
17	131071	Si	0.004
19	524287	Si	0.015
23	8388607	No	0.08
29	536870911	No	0.342

El cálculo de los números de primos de Mersenne usa un recurso computacional muy alto, debido a la potencia 2^p ya que cuando p toma valores superiores a 31 la potencia crece demasiado, lo cual implica que antes de implementar el método computacionalmente es necesario tener en cuenta el número máximo de la maquina y su tiempo de proceso para verificar si es el número de es primo o no.

1.7 LA CONJETURA DE LOS PRIMOS GEMELOS

Dos primos se llaman gemelos si se diferencian en dos unidades. Por ejemplo 5 y 7 o también 29 y 31. Saber si hay una cantidad finita o infinita de tales parejas es un problema abierto desde mayo de 2007, aunque se cree ampliamente que hay infinitos.

Viggo Brun (1919) demostró que la suma de los inversos de los primos gemelos converge a un número que llamaremos la constante de Brun para primos gemelos. Se representa como B2 y su valor se estima en torno a 1.902160583104.

Alfonso de Polignac (1817-1890) fue un matemático francés que conjeturó que para cada número natural k>0, existen infinitas parejas de primos que están a una distancia de 2k. El caso k=1 es la conjetura de los primos gemelos.

De forma similar al teorema del número del número primo, la conjetura de Hardy-Littlewood (1923) postula que el número de primos $p \leq N$, tales que p+2 es también primo se aproxima asintóticamente a $2 \cdot C_2 \cdot N/(Ln (N))^2$, donde $C_2 = 0,6601618158...$

Paul Erdös (1940) demuestra que existe una constante c<1 e infinitos primos p tales que p'-p < c·Ln(p), donde p' denota al menor número primo mayor que p (el primo que "sigue" a p). Con el paso de los años, el resultado se fue mejorando. En 1986, se demuestra que debe ser menor que 0,25; en 2004, menor que 0,0858; en 2005, arbitrariamente pequeña.

Chen Jingrun (1966) demuestra que existen infinitos primos p tales que p + 2 es o primo o semiprimo (producto de dos primos).

En febrero de 2012, la conjetura sigue abierta.

Al implementar computacionalmente lo anterior y generalizado el concepto de primos gemelos para cualquier diferencia entre dos números primos consecutivos se tiene el siguiente código en Matlab.

```matlab
clc
clear all
disp('******* CÁLCULO DE LOS NÚMEROS PRIMOS GEMELOS*******')
disp('*** SE USARÁ EL METODO 3. CON n^(1/2) PARA CALCULAR LOS NÚMEROS PRIMOS ***')
disp(' ')
n =100
tic;
c=1;
primos(c)=2;
for i=[3:n]
  for j=[2:1:round(i^(1/2))]
   res=mod(i,j);
     if res==0
       break
     else
       if j==round(i^(1/2))
       c=c+1;
       primos(c)=i;
       end
     end
   end
end
toc;
tiempo=toc
num_primos=[primos'];
disp('Diferencias entre los primos')
tamp=length(num_primos);
for i=[1:tamp-1]
   iter=i;
   D(i)=num_primos(i+1)-num_primos(i);
end
Dife=[0 D]';
cant_primos=[1:tamp]';

Tabla_resul=[cant_primos num_primos, Dife];
disp('_____')
disp('  Item  Primos  |pi-pi_1|')
disp('_____')
disp(Tabla_resul)
disp('_____')
disp(' ')
disp('Tabla de frecuencia de las diferencias de los primos: |pi-pi-1|')
```

```
disp(' ')
disp('_____')
tabulate(Dife([2:end]))
disp('_____')
```

Los resultados obtenidos al usar el código anterior sobre la diferencia entre dos primos consecutivos menores que n=100 es:

Tabla 8. Diferencia entre dos números primos

Ítem	Número primo (p_i)	Diferencia = $|p_i - p_{i-1}|$
1	2	0
2	3	1
3	5	2
4	7	2
5	11	4
6	13	2
7	17	4
8	19	2
9	23	4
10	29	6
11	31	2
12	37	6
13	41	4
14	43	2
15	47	4
16	53	6
17	59	6
18	61	2
19	67	6
20	71	4
21	73	2
22	79	6
23	83	4
24	89	6
25	97	8

La distribución de estas diferencias es:

Tabla 9. Distribución de la diferencia entre dos números primos

Diferencia = $|p_i - p_{i-1}|$	frecuencia (fi)	frecuencia relativa % (hi)	frecuencia relativa acumulativa % (Hi)
1	1	4,2%	4,2%
2 o (gemelos)	8	33,3%	37,5%
4	7	29,2%	66,7%
6	7	29,2%	95,8%
8	1	4,2%	100,0%
Sumatoria	24	100.0%	

27

En la tabla anterior se puede observar que la diferencia con mayor frecuencia es la de 2 con un 33,3%, la cual es conocida también como los números primos gemelos. Le siguen las frecuencias de las diferencias 4 y 6 con un 29,2% cada una y por último se encuentran las frecuencias de las diferencias 1 y 8 con un 4.2% para cada una de estas.

1.8 PROGRAMACIÓN GENERAL DE LOS NÚMEROS PRIMOS

Para implementar el algoritmo que permita calcular y analizar los números primos se usará el lenguaje de programación de MATLAB, el cual se caracteriza por ser compatible con los lenguajes C y C++, además, de combinar un entorno de escritorio perfeccionado para el análisis iterativo y los procesos de diseño con un lenguaje de programación que expresa las matemáticas en forma matricial [7]. Finalmente, es maravilloso observar que, usando este mismo lenguaje, Vergara y Romero (2020) consiguieron la simulación y programación del sistema que rige el péndulo compuesto, resultado publicado en [8]. A continuación, se presenta la programación en Matlab.

```
clc
clear all
disp('******* CALCULO DE LOS NÚMEROS PRIMOS *******')
disp(' ')
disp('Número máximo')
n1=1
n =1000000
digitos=12

c=1;
tic
for i=[n1:n]
   iter(i)=i;
   if i==1 | i==2
      p(c)=2;
      pos(1)=2;
   else
      m=round(i^(1/2));
      for j=[2:m]
         mod_num=mod(i,j);
         if mod_num==0
            break
         else
            if j==m
               c=c+1;
               p(c)=i;
               pos(c)=i;
            end
         end
      end
   end
end
poss=pos;
poss(1)=[];
poss(end+1)=poss(end);
```

```
dife=poss-pos;
dife(end)=[];
difet=[0 dife];
disp('    *** Números primos ***')
disp('_____')
disp(' posi. dif_pa_ps  n_primo')
disp('_____')
mp=[ [1:c]' difet' p'];
disp(mp)
disp('_____')
disp(' ')
tiempo=toc
x=[1:c];
y=p;
minimo=min(difet)
maximo_dif=max(difet)

disp(' ')
disp(' *** Teorema del Número primos: Legendre Gauss. np= n/log(n), número de primo en [0, n] ***')
%numero_primo=n/log10(n)
numero_primo_ln=n/log(n)
disp('Aproximación con sucesiones ')
numero_primo_suse_2=n/log(n)+n/(log(n))^2
numero_primo_suse_3=n/log(n)+n/(log(n))^2+(2*n)/(log(n))^3

disp('Primos Gemelos')
disp('Diferencia en los primos o g=Pi-Pi-1')
g=2;
cg=0;
for i=[1:c]
   if difet(i)==g;
     cg=cg+1;
     pri_gema(cg)=p(i-1);
     pri_gemd(cg)=p(i);
     difegem(cg)=difet(i);
     v_cg(cg)=cg;
   end
end

disp('    *** Números Primos Gemelos ***')
disp('_____')
disp(' posi. pri_gem diferencia')
disp('_____')
npgem=[ v_cg' pri_gema' pri_gemd'  difegem'];
disp(vpa(npgem,digitos))
disp('_____')
disp(' ')

cgs=1;
for i=[1:cg]
   iter=i;
   if i==1
     v_pri_gems(cgs)=npgem(i,2);
```

```
        end

    if (i>1)&(npgem(i,2)==npgem(i-1,3));
        cgs=cgs+1;
        v_pri_gems(cgs)=npgem(i,2);
    end

    if (i>1)&(npgem(i,2)>npgem(i-1,3));
        cgs=cgs+1;
        v_pri_gems(cgs)=npgem(i-1,3);
        cgs=cgs+1;
        v_pri_gems(cgs)=npgem(i,2);
    end

    if i==cg
        v_pri_gems=[v_pri_gems npgem(i,3)];
    end
end

disp('    *** Números Primos Gemelos ***')
disp('_____')
disp(' posi.   pri_gem  ')
disp('_____')
npgems=[ [1:cgs+1]' v_pri_gems'];
disp(vpa(npgems,digitos))
disp('_____')
disp(' ')
disp('En 1919 Viggo Brun demostró que la suma de los inversos de los primos gemelos converge a un número')
disp('que llamaremos la constante de Brun para primos gemelos. Se representa como B2 y su valor se estima en torno a 1.902160583104. ')
for i=[1:cgs+1]
    v_inv_pri_gem(i)=1/v_pri_gems(i);
end
suma_inv_prim_gem=sum(v_inv_pri_gem)
```

CAPÍTULO II

2. RESULTADOS

La programación realizada sobre los números primos en el ambiente de Matlab se puso a correr arrojando la siguiente información:

2.1 RESULTADOS DEL CÓDIGO PROGRAMADO SOBRE LOS NÚMEROS PRIMOS

Tabla 10. Números primos del 2 a 110.000.000

2	1000003	2000003	3000017	4000037	5000011	6000011	7000003	8000009	...	90000049	100000007
3	1000033	2000029	3000029	4000039	5000077	6000023	7000009	8000017	...	90000059	100000037
5	1000037	2000039	3000047	4000043	5000081	6000041	7000033	8000023	...	90000073	100000039
7	1000039	2000081	3000061	4000063	5000087	6000047	7000057	8000033	...	90000083	100000049
11	1000081	2000083	3000073	4000067	5000101	6000053	7000061	8000051	...	90000089	100000073
13	1000099	2000093	3000077	4000079	5000111	6000061	7000069	8000053	...	90000103	100000081
17	1000117	2000107	3000089	4000081	5000113	6000073	7000087	8000063	...	90000107	100000123
19	1000121	2000113	3000103	4000093	5000153	6000101	7000109	8000071	...	90000109	100000127
23	1000133	2000143	3000131	4000133	5000161	6000103	7000121	8000087	...	90000121	100000193
29	1000151	2000147	3000133	4000153	5000167	6000109	7000127	8000099	...	90000133	100000213
31	1000159	2000153	3000161	4000159	5000197	6000119	7000129	8000101	...	90000149	100000217
37	1000171	2000177	3000181	4000169	5000201	6000121	7000157	8000117	...	90000217	100000223
41	1000183	2000209	3000199	4000189	5000213	6000149	7000163	8000119	...	90000221	100000231
43	1000187	2000221	3000223	4000237	5000251	6000157	7000171	8000141	...	90000233	100000237
47	1000193	2000227	3000229	4000261	5000257	6000173	7000181	8000171	...	90000241	100000259
53	1000199	2000249	3000251	4000267	5000263	6000191	7000219	8000173	...	90000257	100000267
59	1000211	2000261	3000289	4000273	5000299	6000199	7000241	8000189	...	90000269	100000279
61	1000213	2000269	3000299	4000277	5000311	6000221	7000249	8000219	...	90000293	100000357
67	1000231	2000281	3000301	4000291	5000321	6000229	7000267	8000221	...	90000299	100000379
71	1000249	2000291	3000317	4000301	5000339	6000233	7000297	8000231	...	90000301	100000393
73	1000253	2000293	3000331	4000303	5000381	6000271	7000309	8000261	...	90000331	100000399
79	1000273	2000303	3000343	4000309	5000389	6000277	7000313	8000309	...	90000343	100000421
83	1000289	2000309	3000359	4000343	5000399	6000283	7000333	8000323	...	90000373	100000429
89	1000291	2000321	3000377	4000357	5000423	6000301	7000337	8000339	...	90000377	100000463
97	1000303	2000329	3000379	4000361	5000473	6000307	7000351	8000357	...	90000401	100000469
101	1000313	2000351	3000409	4000379	5000491	6000317	7000373	8000359	...	90000433	100000471
103	1000333	2000353	3000463	4000439	5000503	6000343	7000391	8000401	...	90000439	100000493
107	1000357	2000371	3000469	4000489	5000519	6000373	7000429	8000407	...	90000451	100000541
:	:	:	:	:	:	:	:	:	:	:	:

➤ **Análisis de los números primos comprendidos ente 1 a 10**, esto es: 2, 3, 5 y 7.

Tabla 11. Números primos del 1 a 10.

Número de intervalos	Intervalo		Marca de clase (Xi)	Cantidad de primos (fi)	Cantidad acumulativa de primos (Fi)	Porcentaje de primos	Porcentaje acumulado de primos
	Límite inferior	Límite Superior					
1	2	36.667	28.333	2	2	50,0%	50,0%
2	36.667	53.333	4,5	1	3	25,0%	75,0%
3	53.333	7	61.667	1	4	25,0%	100,0%
Sumatoria			90.005	4		100,0%	

De donde se obtiene la siguiente información:
Cantidad de números primos = 4
Número primo mínimo = 2
Número primo máximo = 7
Rango entre los números primos = 5
Suma de los números primos = 17
Media = 4.25
Varianza = 4.9167
Desviación estándar = 2.2174

➤ **Análisis de los números primos comprendidos ente 1 a 100**, esto es: 2, 3, 5, 7, 11, 13, 17, 19, 23, 29, 31, 37, 41, 43, 47, 53, 59, 61, 67, 71, 73, 79, 83, 89 y 97.

Tabla 12. Números primos del 1 a 100.

Número de intervalos	Intervalo		Marca de clase (Xi)	Cantidad de primos (fi)	Cantidad acumulativa de primos (Fi)	Porcentaje de primos	Porcentaje acumulado de primos
	Límite inferior	Límite Superior					
1	2	17.833	99.167	7	7	28,0%	28,0%
2	17.833	33.667	25,75	4	11	16,0%	44,0%
3	33.667	49,5	41.583	4	15	16,0%	60,0%
4	49,5	65.333	57.417	3	18	12,0%	72,0%
5	65.333	81.167	73,25	4	22	16,0%	88,0%
6	81.167	97	89.083	3	25	12,0%	100,0%
Sumatoria			287.349	25		100,0%	

De donde se obtiene la siguiente información:
Cantidad de números primos = 25
Número primo mínimo = 2
Número primo máximo = 97
Rango entre los números primos = 95
Suma de los números primos = 1060
Media = 42.4
Varianza = 868.8333
Desviación estándar = 29.4760

> **Análisis de los números primos comprendidos ente 1 a 1000**, los cuales están dados por:

2	3	5	7	11	13	17	19	23	29	31	37	41	43	47
53	59	61	67	71	73	79	83	89	97	101	103	107	109	113
127	131	137	139	149	151	157	163	167	173	179	181	191	193	197
199	211	223	227	229	233	239	241	251	257	263	269	271	277	281
283	293	307	311	313	317	331	337	347	349	353	359	367	373	379
383	389	397	401	409	419	421	431	433	439	443	449	457	461	463
467	479	487	491	499	503	509	521	523	541	547	557	563	569	571
577	587	593	599	601	607	613	617	619	631	641	643	647	653	659
661	673	677	683	691	701	709	719	727	733	739	743	751	757	761
769	773	787	797	809	811	821	823	827	829	839	853	857	859	863
877	881	883	887	907	911	919	929	937	941	947	953	967	971	977
983	991	997												

Tabla 13. Números primos del 1 a 1000.

Número de intervalos	Intervalo		Marca de clase (Xi)	Cantidad de primos (fi)	Cantidad acumulativa de primos (Fi)	Porcentaje de primos	Porcentaje acumulado de primos
	Límite inferior	Límite Superior					
1	2	126,38	64.188	30	30	17,9%	17,9%
2	126,38	250,75	188,56	23	53	13,7%	31,5%
3	250,75	375,13	312,94	21	74	12,5%	44,0%
4	375,13	499,5	437,31	21	95	12,5%	56,5%
5	499,5	623,88	561,69	19	114	11,3%	67,9%
6	623,88	748,25	686,06	18	132	10,7%	78,6%
7	748,25	872,63	810,44	18	150	10,7%	89,3%
8	872,63	997	934,81	18	168	10,7%	100,0%
Sumatoria			68.120	168		100,0%	

De donde se obtiene la siguiente información:
Cantidad de números primos = 168
Número primo mínimo = 2
Número primo máximo = 997
Rango entre los números primos = 995
Suma de los números primos = 76127
Media = 4.5314
Varianza = 88918.7177
Desviación estándar = 298.1924

➢ **Análisis de los números primos comprendidos ente 1 a 10.000**

Tabla 14. Números primos del 1 a 10.000.

Número de intervalos	Intervalo		Marca de clase (Xi)	Cantidad de primos (fi)	Cantidad acumulativa de primos (Fi)	Porcentaje de primos	Porcentaje acumulado de primos
	Límite inferior	Límite Superior					
1	2	908,45	455,23	155	155	12,6%	12,6%
2	908,45	1814,9	1361,7	125	280	10,2%	22,8%
3	1814,9	2721,4	2268,1	117	397	9,5%	32,3%
4	2721,4	3627,8	3174,6	110	507	9,0%	41,3%
5	3627,8	4534,3	4081	108	615	8,8%	50,0%
6	4534,3	5440,7	4987,5	103	718	8,4%	58,4%
7	5440,7	6347,2	5894	108	826	8,8%	67,2%
8	6347,2	7253,6	6800,4	102	928	8,3%	75,5%
9	7253,6	8160,1	7706,9	95	1023	7,7%	83,2%
10	8160,1	9066,5	8613,3	103	1126	8,4%	91,6%
11	9066,5	9973	9519,8	103	1229	8,4%	100,0%
Sumatoria			54.863	1229		100,0%	

De donde se obtiene la siguiente información:

Cantidad de números primos = 1229
Número primo mínimo = 2
Número primo máximo = 9973
Rango entre los números primos = 9971
Suma de los números primos = 5736396
Media = 4667.5313
Varianza = 8771644.8942
Desviación estándar = 2961.6963

> **Análisis de los números primos comprendidos ente 1 a 100.000**

Tabla 15. Números primos del 1 a 100.000.

Número de intervalos	Intervalo		Marca de clase (Xi)	Cantidad de primos (fi)	Cantidad acumulativa de primos (Fi)	Porcentaje de primos	Porcentaje acumulado de primos
	Límite inferior	Límite Superior					
1	2	7144,1	3573	914	914	9,5%	9,5%
2	7144,1	14286	10715	762	1676	7,9%	17,5%
3	14286	21428	17857	729	2405	7,6%	25,1%
4	21428	28570	24999	702	3107	7,3%	32,4%
5	28570	35712	32141	688	3795	7,2%	39,6%
6	35712	42854	39283	686	4481	7,2%	46,7%
7	42854	49997	46425	651	5132	6,8%	53,5%
8	49997	57139	53568	661	5793	6,9%	60,4%
9	57139	64281	60710	643	6436	6,7%	67,1%
10	64281	71423	67852	638	7074	6,7%	73,7%
11	71423	78565	74994	634	7708	6,6%	80,4%
12	78565	85707	82136	633	8341	6,6%	87,0%
13	85707	92849	89278	628	8969	6,5%	93,5%
14	92849	99991	96420	623	9592	6,5%	100,0%
Sumatoria			699.951	9592		100,0%	

De donde se obtiene la siguiente información:

Cantidad de números primos = 9592
Número primo mínimo = 2
Número primo máximo = 99991
Rango entre los números primos = 99989
Suma de los números primos = 454396537
Media = 47372.4496
Varianza = 865069650.2704
Desviación estándar = 29412.0664

> **Análisis de los números primos comprendidos ente 1 a 1.000.000**

Tabla 16. Números primos del 1 a 1.000.000.

Número de intervalos	Intervalo		Marca de clase (Xi)	Cantidad de primos (fi)	Cantidad acumulativa de primos (Fi)	Porcentaje de primos	Porcentaje acumulado de primos
	Límite inferior	Límite Superior					
1	2	58824	29413	5948	5948	7,6%	7,6%
2	58824	117650	88237	5150	11098	6,6%	14,1%
3	117650	176470	147060	4940	16038	6,3%	20,4%
4	176470	235290	205880	4818	20856	6,1%	26,6%
5	235290	294110	264700	4684	25540	6,0%	32,5%
6	294110	352940	323525	4669	30209	5,9%	38,5%
7	352940	411760	382350	4544	34753	5,8%	44,3%
8	411760	470580	441170	4521	39274	5,8%	50,0%
9	470580	529400	499990	4507	43781	5,7%	55,8%
10	529400	588230	558815	4447	48228	5,7%	61,4%
11	588230	647050	617640	4371	52599	5,6%	67,0%
12	647050	705870	676460	4388	56987	5,6%	72,6%
13	705870	764690	735280	4345	61332	5,5%	78,1%
14	764690	823520	794105	4351	65683	5,5%	83,7%
15	823520	882340	852930	4314	69997	5,5%	89,2%
16	882340	941160	911750	4277	74274	5,4%	94,6%
17	941160	999983	970572	4224	78498	5,4%	100,0%
Sumatoria			8.499.877	78498		100,0%	

De donde se obtiene la siguiente información:

Cantidad de números primos = 78498
Número primo mínimo = 2
Número primo máximo = 999983
Rango entre los números primos = 999981
Suma de los números primos = 37550402023
Media = 478361.2579
Varianza = 85743923911.5709
Desviación estándar = 292820.6344

> ➤ **Análisis de los números primos comprendidos ente 1 a 10.000.000**

Tabla 17. Números primos del 1 a 10.000.000.

Número de intervalos	Intervalo		Marca de clase (Xi)	Cantidad de primos (fi)	Cantidad acumulativa de primos (Fi)	Porcentaje de primos	Porcentaje acumulado de primos
	Límite inferior	Límite Superior					
1	2	500000	250000	41538	41538	6,3%	6,3%
2	500000	1000000	750000	36960	78498	5,6%	11,8%
3	1000000	1500000	1250000	35657	114155	5,4%	17,2%
4	1500000	2000000	1750000	34778	148933	5,2%	22,4%
5	2000000	2500000	2250000	34139	183072	5,1%	27,5%
6	2500000	3000000	2750000	33743	216815	5,1%	32,6%
7	3000000	3500000	3250000	33334	250149	5,0%	37,6%
8	3500000	4000000	3750000	32997	283146	5,0%	42,6%
9	4000000	4500000	4250000	32802	315948	4,9%	47,5%
10	4500000	5000000	4750000	32564	348512	4,9%	52,4%
11	5000000	5500000	5250000	32288	380800	4,9%	57,3%
12	5500000	6000000	5750000	32049	412849	4,8%	62,1%
13	6000000	6500000	6250000	31908	444757	4,8%	66,9%
14	6500000	7000000	6750000	31890	476647	4,8%	71,7%
15	7000000	7500000	7250000	31614	508261	4,8%	76,5%
16	7500000	8000000	7750000	31516	539777	4,7%	81,2%
17	8000000	8500000	8250000	31342	571119	4,7%	85,9%
18	8500000	9000000	8750000	31369	602488	4,7%	90,7%
19	9000000	9500000	9250000	31090	633578	4,7%	95,3%
20	9749996	10000000	9750000	31001	664579	4,7%	100,0%
Sumatoria			100000000	664579		100%	

De donde se obtiene la siguiente información:

Cantidad de números primos = 664579
Número primo mínimo = 2
Número primo máximo = 9999991
Rango entre los números primos = 9999989
Suma de los números primos = 3203324994356
Media = 4820081.5770
Varianza = 8537283636666.207
Desviación estándar = 2921863.0421

37

> Análisis de los números primos comprendidos ente 1 a 100.000.000

Tabla 18. Números primos del 1 a 100.000.000.

Número de intervalos	Intervalo Límite inferior	Intervalo Límite Superior	Marca de clase (Xi)	Cantidad de primos (fi)	Cantidad acumulativa de primos (Fi)	Porcentaje de primos	Porcentaje acumulado de primos
1	2	4347800	2173901	305940	305940	5,3%	5,3%
2	4347800	8695600	6521700	277497	583437	4,8%	10,1%
3	8695600	13043400	10869500	268449	851886	4,7%	14,8%
4	13043400	17391200	15217300	262899	1114785	4,6%	19,3%
5	17391200	21739000	19565100	258978	1373763	4,5%	23,8%
6	21739000	26086800	23912900	255831	1629594	4,4%	28,3%
7	26086800	30434600	28260700	253583	1883177	4,4%	32,7%
8	30434600	34782400	32608500	251020	2134197	4,4%	37,0%
9	34782400	39130200	36956300	249643	2383840	4,3%	41,4%
10	39130200	43478000	41304100	247880	2631720	4,3%	45,7%
11	43478000	47825800	45651900	246599	2878319	4,3%	50,0%
12	47825800	52173600	49999700	245264	3123583	4,3%	54,2%
13	52173600	56521400	54347500	243935	3367518	4,2%	58,4%
14	56521400	60869200	58695300	243215	3610733	4,2%	62,7%
15	60869200	65217000	63043100	241828	3852561	4,2%	66,9%
16	65217000	69564800	67390900	241447	4094008	4,2%	71,1%
17	69564800	73912600	71738700	240423	4334431	4,2%	75,2%
18	73912600	78260400	76086500	239437	4573868	4,2%	79,4%
19	78260400	82608200	80434300	238862	4812730	4,1%	83,5%
20	82608200	86956000	84782100	238061	5050791	4,1%	87,7%
21	86956000	91303800	89129900	237550	5288341	4,1%	91,8%
22	91303800	95651600	93477700	236852	5525193	4,1%	95,9%
23	95651600	100000000	97825800	236262	5761455	4,1%	100,0%
Sumatoria			1.149.993.401	5761455		100,0%	

De donde se obtiene la siguiente información:

Cantidad de números primos = 5761455
Número primo mínimo = 2
Número primo máximo = 99999989
Rango entre los números primos = 99999987
Suma de los números primos = $2.792097903872760e+014$
Media = $4.846168031986295e+007$
Varianza = $8.509367862736396e+014$
Desviación estándar = $2.917082080219272e+007$

Con base en el análisis anterior se puede observar el siguiente comportamiento de la cantidad de números primos dentro de un intervalo de números naturales, es decir:

Tabla 19. Proporción de números primos en los naturales.

Números naturales	Cantidad de primos	Porcentaje de números primos
10	4	40,0%
100	25	25,0%
1000	168	16,8%
10000	1229	12,3%
100000	9592	9,6%
1000000	78498	7,8%
10000000	664579	6,6%
100000000	5761455	5,8%

La proporción de número primos disminuye cuando se incrementa la cantidad de números naturales.

2.2.1 CÁLCULO DE NÚMEROS PRIMOS CON EL TEOREMA

$$\pi(n) = \frac{n}{\ln(n)}$$

La función indica cuántos números primos hay en el intervalo [0, n] se representa por $\pi(n)$.
Una mejor aproximación de π(x) es la función $Li(x)$.

$$Li(x) = \int_2^x \frac{dt}{\ln(t)} = \frac{x}{\ln(x)} + \frac{x}{(\ln(x))^2} + \frac{2x}{(\ln(x))^3} + \cdots$$

Lo cual equivale a decir que

$$\frac{n}{\ln(n)} + \frac{n}{(\ln(n))^2} + \frac{2n}{(\ln(n))^3} + \cdots$$

Se aproxima mejor a $\pi(n)$ que $\frac{n}{\ln(n)}$.

Analicemos ahora los números primos comprendidos desde 2 a 110.000.000. La cantidad de números primos es de 6303309, los cuales se encuentran distribuidos de la siguiente forma:

Tabla 20. Análisis de los números primos comprendidos entre 2 y 110M con el teorema de: $\pi(n) = \frac{n}{ln(n)}$.

Intervalo de números naturales		Cantidad de números primos	Cantidad de números primos acumulativa	Cantidad con el Teorema $\pi(n) = \frac{n}{ln(n)}$	Diferencia entre la cantidad de números primos acumulativa y π(n)	Porcentaje de números primos	Porcentaje de números primos acumulativa
2	10.000.000	664579	664579	620421	44158	10,54%	10,54%
10.000.001	20.000.000	606028	1270607	1189680	80927	9,61%	20,16%
20.000.001	30.000.000	587252	1857859	1742493	115366	9,32%	29,47%
30.000.001	40.000.000	575795	2433654	2285141	148513	9,13%	38,61%
40.000.001	50.000.000	567480	3001134	2820471	180663	9,00%	47,61%
50.000.001	60.000.000	560981	3562115	3350111	212004	8,90%	56,51%
60.000.001	70.000.000	555949	4118064	3875109	242955	8,82%	65,33%
70.000.001	80.000.000	551318	4669382	4396199	273183	8,75%	74,08%
80.000.001	90.000.000	547572	5216954	4913919	303035	8,69%	82,77%
90.000.001	100.000.000	544501	5761455	5428681	332774	8,64%	91,40%
100.000.001	110.000.000	541854	6303309	5940811	362498	8,60%	100%
TOTAL		6303309				100%	

Tabla 21. Análisis de los números primos comprendidos entre 2 y 110M con el teorema de: $Li(n) = \frac{n}{\ln(n)} + \frac{n}{(\ln(n))^2} + \frac{2n}{(\ln(n))^3}$.

Intervalo de números naturales		Cantidad de números primos	Cantidad de números primos acumulativa	Cantidad con el Teorema $Li(n) = \frac{n}{\ln(n)} + \frac{n}{(\ln(n))^2} + \frac{2n}{(\ln(n))^3}$	Diferencia entre la cantidad de números primos acumulativa y Li(n)	Porcentaje de números primos	Porcentaje de números primos acumulativa
2	10.000.000	664579	664579	663689	890	10,54%	10,54%
10.000.001	20.000.000	606028	1270607	1268866	1741	9,61%	20,16%
20.000.001	30.000.000	587252	1857859	1855460	2399	9,32%	29,47%
30.000.001	40.000.000	575795	2433654	2430604	3050	9,13%	38,61%
40.000.001	50.000.000	567480	3001134	2997522	3612	9,00%	47,61%
50.000.001	60.000.000	560981	3562115	3558053	4062	8,90%	56,51%
60.000.001	70.000.000	555949	4118064	4113382	4682	8,82%	65,33%
70.000.001	80.000.000	551318	4669382	4664332	5050	8,75%	74,08%
80.000.001	90.000.000	547572	5216954	5211512	5442	8,69%	82,77%
90.000.001	100.000.000	544501	5761455	5755384	6071	8,64%	91,40%
100.000.001	110.000.000	541854	6303309	6296315	6994	8,60%	100%
TOTAL		6303309				100%	

El siguiente gráfico muestra el comportamiento de la cantidad de números primos en el intervalo analizado, es decir:

Grafica 3. Cantidad de números primos de 2 – 110 M.

Cantidad de números primos por intervalo

Tabla 22. Cantidad de números primos por intervalos de 2 a 110M.

Intervalo de números		Cantidad de números primos en el intervalo	Cantidad de números primos acumulativa	Tendencia de la función	Error relativo %
Límite inferior	Límite superior				
2	100.000	9592	9592	9344	2,58%
100.001	200.000	8392	17984	17788	1,09%
200.001	300.000	8013	25997	25923	0,28%
300.001	400.000	7863	33860	33864	0,01%
400.001	500.000	7678	41538	41662	0,30%
500.001	600.000	7560	49098	49350	0,51%
600.001	700.000	7445	56543	56947	0,71%
700.001	800.000	7408	63951	64466	0,81%
800.001	900.000	7323	71274	71919	0,90%
900.001	1.000.000	7224	78498	79312	1,04%
2	10.000.000	664579	664579	673195	1,30%
10.000.001	20.000.000	606028	1270607	1281555	0,86%
20.000.001	30.000.000	587252	1857859	1867630	0,53%
30.000.001	40.000.000	575795	2433654	2439686	0,25%
40.000.001	50.000.000	567480	3001134	3001539	0,01%
50.000.001	60.000.000	560981	3562115	3555392	0,19%
60.000.001	70.000.000	555949	4118064	4102681	0,37%
70.000.001	80.000.000	551318	4669382	4644411	0,53%
80.000.001	90.000.000	547572	5216954	5181328	0,68%
90.000.001	100.000.000	544501	5761455	5714006	0,82%
100.000.001	110.000.000	541854	6303309	6242897	0,96%

Gráfica 4. Tendencia de la cantidad de números primos.

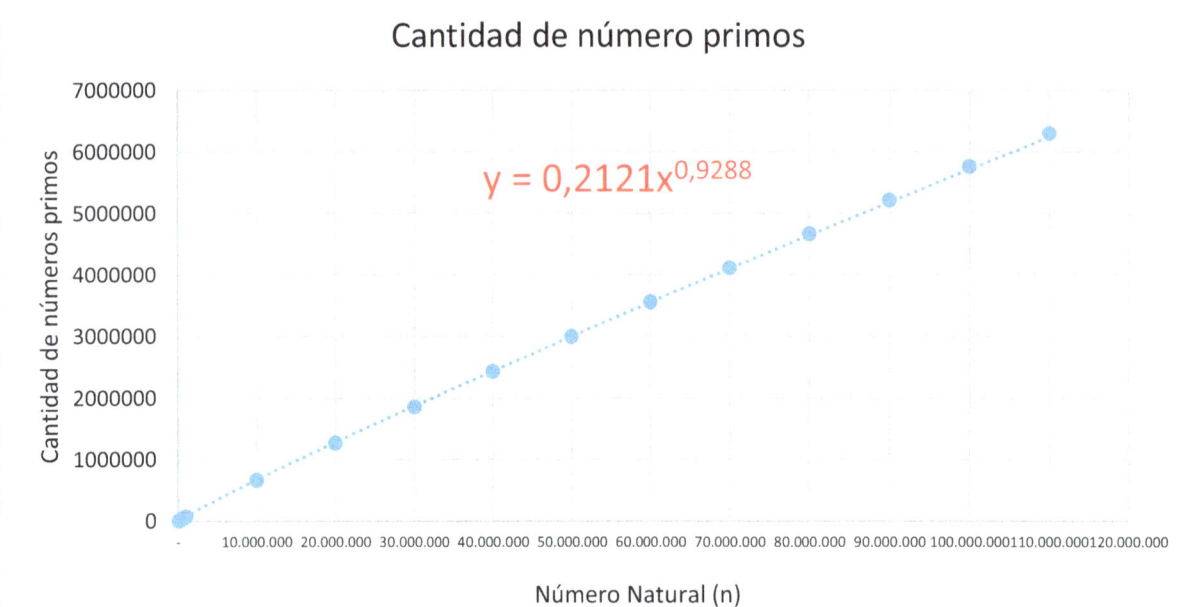

Cantidad de número primos

$$y = 0{,}2121x^{0{,}9288}$$

La cantidad de números primos que hay de 2 - 110M es 6303309

La suma de los inversos de los números primos de 2 - 110M es:

$$\sum_{p=2}^{109999993} \frac{1}{p} = \frac{1}{2} + \frac{1}{3} + \frac{1}{5} + \cdots + \frac{1}{109999937} + \frac{1}{109999957} + \frac{1}{109999993} = 3{,}18009042$$

La suma de los inversos de los números primos gemelos de 3 - 110M es:

$$\sum_{p=3}^{109999861} \frac{1}{p} = \frac{1}{3} + \frac{1}{5} + \cdots + \frac{1}{109999859} + \frac{1}{109999861} = 1{,}75959809$$

La suma de los inversos de los números naturales de 1 - 110M es:

$$\sum_{n=1}^{110M} \frac{1}{n} = 1 + \frac{1}{2} + \frac{1}{3} + \frac{1}{4} + \cdots + \frac{1}{109\ 999\ 998} + \frac{1}{109\ 999\ 999} + \frac{1}{110\ 000\ 000} = 18{,}9978851$$

La siguiente tabla resume esta información

Tabla 23. Análisis de los números primos de 2 – 110M.

Cantidad de números primos de: 2 - 110M:	6303309
Total de la suma de inverso de primos de: 2 - 110 M:	3,18009042
Total de los inversos de los números primos gemelos de: 3 - 110M es:	1,7595809
Total de la suma de los inversos de los números naturales de: 1 - 110M:	18.9978851

A continuación, se encuentra el análisis de la diferencia entre números primos consecutivos, es decir: $D = |p_i - p_{i-1}|$

Tabla 24. Diferencia entre números primos consecutivos, es decir: $D = |p_i - p_{i-1}|$.

|pi - pi-1|	2 a 10M	10M+1 a 20M	20M+1 a 30 M	30M+1 a 40M	40M+1 a 50M	50M+1 a 60 M	60M+1 a 70M	70M+1 a 80M	80M+1 a 90 M	90M+1 a 100M	100M+1 a 110M	Frecuencia (fi)
1	1											1
2	58980	48427	45484	43861	42348	41457	40908	39984	39640	39222	38817	479128
4	58621	48460	45494	43657	42377	41595	40994	40147	39678	39233	38977	479233
6	99987	83924	79512	76318	74567	73080	71560	70949	69826	69029	68428	837180
8	42352	36440	34576	33161	32519	32137	31528	30671	30694	30102	29909	364089
10	54431	46767	44328	42983	41767	40893	40413	39882	39538	39014	38815	468831
12	65513	57897	55517	53836	52854	51606	51146	50538	49994	49480	49106	587487
14	35394	31368	29809	29302	28589	28332	27979	27989	27088	27351	27088	320289
16	25099	22852	22312	21593	21406	20919	20694	20580	20310	20039	19958	235762
18	43851	40931	39389	38657	38058	37690	36991	36248	36606	36317	36280	421018
20	22084	21200	20682	20483	20289	19880	19540	19870	19458	19435	19174	222095
22	19451	18335	17738	17914	17460	17311	17099	17005	16693	16939	16564	192509
24	27170	26505	26292	25952	25804	25485	25386	25143	25062	24749	24889	282437
26	12249	12138	12211	11903	11966	11799	11894	11839	11787	11678	11646	131110
28	13255	13237	12960	12979	13022	12817	13019	12804	12702	12771	12449	142015
30	21741	22530	22320	22402	22356	22415	22306	22184	22302	22291	22457	245304
32	6364	6813	6793	6877	6850	6817	7011	6872	6853	7041	6957	75248
34	6721	7004	7090	7140	7213	7253	7227	7122	7248	7230	7234	78482
36	10194	11169	11378	11387	11594	11594	11635	11573	11741	11782	11723	125750
38	4498	4986	5148	5301	5191	5259	5306	5358	5345	5363	5334	57089
40	5318	5953	5979	6073	5997	6192	6305	6277	6283	6384	6369	67130
42	7180	8138	8590	8673	8784	8918	8978	9185	9110	9081	9069	95706
44	2779	3254	3402	3510	3537	3594	3704	3706	3630	3765	3734	38615
46	2326	2751	2945	2925	2966	3112	3008	3115	3099	3080	3206	32533
48	3784	4585	4876	5158	5113	5152	5140	5294	5350	5372	5385	55209
50	2048	2512	2578	2800	2912	2818	2899	2985	3008	2961	2997	30518
52	1449	1878	1977	2018	2116	2140	2140	2324	2234	2319	2215	22810
54	2403	3024	3081	3428	3423	3617	3532	3699	3653	3733	3782	37375
56	1072	1440	1675	1693	1727	1701	1800	1744	1861	1882	1950	18545
58	1052	1275	1391	1449	1490	1562	1522	1617	1625	1628	1713	16324
60	1834	2513	2666	2809	2974	3046	3012	3146	3227	3212	3300	31739
62	543	739	812	819	901	892	908	948	982	952	1025	9521
64	559	788	846	853	880	910	952	1009	990	1036	1024	9847
66	973	1305	1461	1533	1576	1699	1663	1693	1791	1885	1819	17398
68	358	493	551	621	627	707	699	698	713	733	783	6983
70	524	706	797	878	911	964	982	1008	1011	1032	1074	9887
72	468	609	791	768	851	881	1025	1010	1054	996	1096	9549
74	218	355	380	438	421	482	460	495	556	511	502	4818
76	194	250	337	371	368	399	382	406	418	455	449	4029
78	362	493	650	675	695	703	764	800	830	818	792	7582
80	165	245	284	319	333	361	372	387	408	407	434	3715
82	100	185	209	228	269	237	264	294	264	312	310	2672
84	247	354	413	424	459	528	536	565	581	561	579	5247
86	66	108	132	143	176	184	194	175	226	193	201	1798
88	71	99	153	163	190	174	210	181	212	184	213	1850
90	141	265	309	290	354	356	392	427	401	402	453	3790
92	37	72	107	93	127	118	127	119	137	146	143	1226
94	39	65	91	104	84	105	123	113	117	130	120	1091
96	65	105	117	135	157	214	195	213	222	218	230	1871
98	29	52	73	68	74	103	117	112	107	116	94	945
100	36	61	86	90	87	71	121	96	115	115	118	996
102	34	62	78	90	103	122	153	129	154	134	159	1218
104	21	34	53	39	59	40	57	52	71	68	93	587
106	12	27	23	37	53	49	57	46	55	45	69	473
108	26	56	51	65	78	90	95	86	78	86	83	794
110	11	33	35	44	46	57	52	51	72	53	51	505
112	11	23	26	29	37	39	32	37	45	51	48	378
114	11	35	33	46	59	64	63	48	56	72	62	549
116	7	10	13	17	21	25	20	22	26	30	29	220
118	4	8	18	19	24	22	25	20	13	28	30	211
120	10	22	37	40	50	46	57	56	54	61	51	484
122	3	4	12	19	15	13	19	14	12	20	15	146
124	4	3	9	8	22	12	22	17	24	24	16	161

126	8	17	18	10	22	28	22	24	26	29	38	242
128	2	3	3	6	7	9	8	15	8	15	9	85
130	1	1	7	9	1	6	13	9	19	12	15	93
132	5	6	10	11	18	20	11	19	13	19	22	154
134	1	5	3	4	5	5	7	5	5	10	5	55
136	2	2	4	5	2	6	8	3	5	3	8	48
138	1	5	6	10	13	8	9	11	13	16	12	104
140	2	4	2	8	6	4	5	8	9	9	8	65
142	0	2	2	2	3	6	3	7	3	2	3	33
144	0	2	6	4	4	7	8	5	2	13	8	59
146	1		2		1	3	5	6	1	3	2	24
148	2	1		4	6	3	8	5	2	3	3	37
150	0	2	3	4	3	3	7	6	4	5	6	43
152	1	1		2	1	2	5	1	5	2	2	22
154	1	2				2	3		1	4	1	14
156	0	1	2		2	3	4	5	3	3	2	25
158	0				1	1	2		4	2	2	12
160				1		1	1	2	4	2	1	12
162				1	3			2		2	1	9
164			1		1		1	1		1	3	8
166									1		1	2
168				1	1	1	2	1	1	1	3	11
170			1				1		2	2	1	7
172				1							1	2
174						1		2				3
176				1	1	1		1		1	1	6
178				1		2	1				2	6
180		1								3	1	5
182				1								1
184								1				1
196								1				1
198					1							1
202											2	2
204												0
210			1							1		2
220					1							1
∑	664577	606027	587251	575794	567479	560980	555948	551317	547571	544500	541853	6303297

El comportamiento gráfico de tabla anterior es:

Gráfico 5. Comportamiento de las diferencias entre los números primos

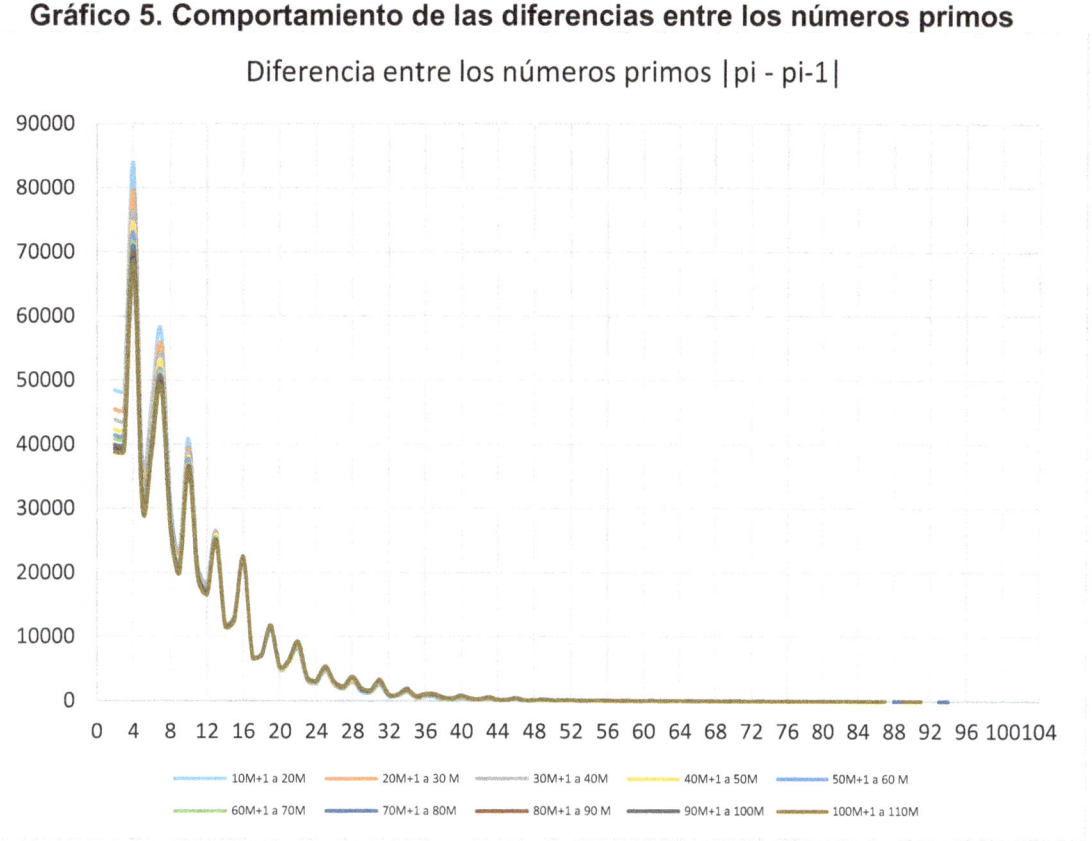

Diferencia entre los números primos |pi - pi-1|

2.3 EL TRIANGULO DE LOS NÚMEROS PRIMOS

El triángulo de los números primos se construye siguiendo un patrón como el que se muestra en la figura una (1). Se comienza desde la cúspide con el número 1, en los lados del triángulo hacia abajo se escriben los números primos, se clasifican las filas y las columnas, empezando por la fila cero (el del 1 o cúspide) y la columna cero la columna central. Si se suman los dos números primos ubicados en lados del triángulo de la misma fila nos dará un resultado que ubicaremos en la columna central del triángulo. Los números que están entre la columna central y lado del triángulo se encuentran de la siguiente manera:

Para el número de la fila 2 y columna 1:
$N(2,1) = P(3,3)+P(1,1)=5+2=7$

Para los números de la fila 3:
$N(3,1)= P(4,4)+P(2,2)=7+3=10$
$N(3,2)= P(5,5)+P(1,1)=11+2=13$

Para los números de la fila 4:
$N(4,1)= P(5,5)+P(3,3)=11+6=16$
$N(4,2)= P(6,6)+P(2,2)=13+3=16$
$N(4,3)= P(7,7)+P(1,1)=17+2=19$

Para los números de la fila n:

$N(n,1)= P(n+1,n+1)+P(n-1,n-1)$

$N(n,2)= P(n+2,n+2)+P(n-2,n-2)$

$\vdots$

$N(n,n-1)= P(2n-1,2n-1)+P(1,1)$

Si a los números que están en las diagonales internas del triángulo se le resta el primo correspondiente de su diagonal se obtiene un número primo. Ejemplo el número 7 se encuentra en la diagonal 1, la cual tiene como número primo en esa diagonal al 2, luego 7 - 2 = 5 que es número primo. Otro ejemplo es que el número 22 se encuentra la diagonal 2, que tiene como número primo en esa diagonal al 3, si calculamos 22 – 3 = 19 que es un número primo. Con base en el análisis anterior se puede afirmar que: **"*la diferencia entre cualquier número natural del el triángulo y su respectivo número primo de su diagonal da como resultado un número primo*"**.

Figura 1. El triángulo de los números primos.

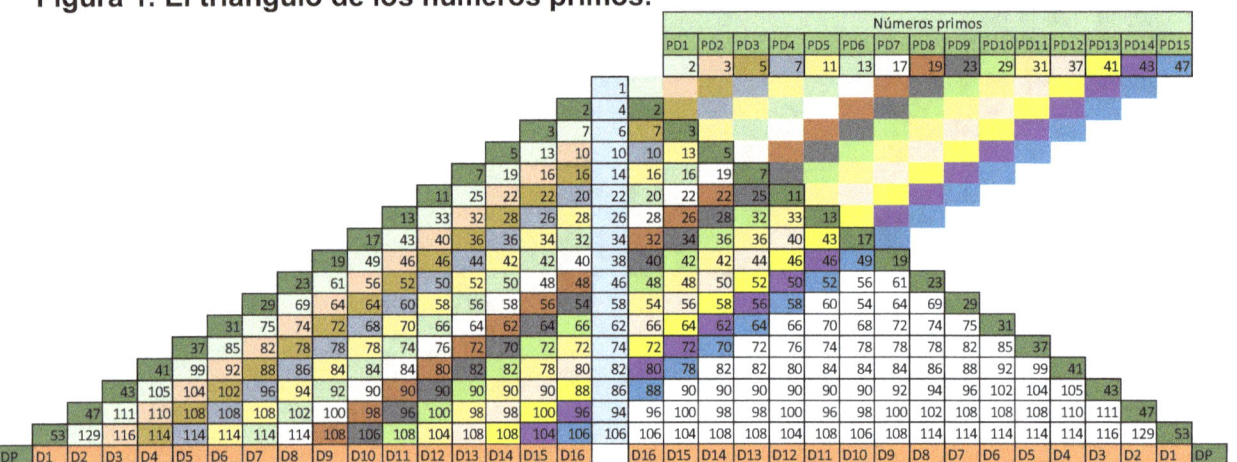

A continuación, se especifican las notaciones empleadas en el triángulo de los números primos:

DP: Diagonal de números primos

D1: Diagonal 1 de números naturales que al restarle 2 da un número primo

D2: Diagonal 2 de números naturales que al restarle 3 da un número primo

D3: Diagonal 3 de números naturales que al restarle 5 da un número primo

Dn: Diagonal n de números naturales que al restarle el primo de su diagonal da un número primo

PD1: Primo de la diagonal 1

PD2: Primo de la diagonal 2

PD3: Primo de la diagonal 3

PDn: Primo de la diagonal n

CAPÍTULO III

3. ANÁLISIS DE LA CONJETURA DE GOLDBACH

En actualidad los números primos son considerados como un tema importante, tanto para las matemáticas como para las otras ciencias, por sus múltiples aplicaciones. Uno de los impulsos que ayudó a estudiar estos números primos se da en el momento histórico en querer resolver un problema que inició con una conjetura propuesta por Goldbach, quien la expresó través de una carta enviada a Euler en 1742. Donde planteaba el problema de siguiente manera: "*Todo número par mayor que 2 puede escribirse como suma de dos números primos*". Este enunciado que parece sencillo ha resultado ser un reto no solo por su demostración sino también por la comprobación.

El matemático Euler no logró demostrar ni refutar este enunciado. Desde entonces se convirtió en un problema abierto en matemáticas, el cual fue propuesto por G.H. Hardy, en 1921, ante la Sociedad Matemática de Copenhague. Allí se comentó que probablemente la conjetura de Goldbach no solo era uno de los problemas no resueltos difíciles de la teoría de números, sino de las matemáticas. Desde entonces se ha venido estudiando este problema, sin llegar aún a una conclusión o demostración final, por lo que es importante realizar una demostración formal, como la que se propone en este trabajo, la cual permita evidenciar significativamente la comprobación y veracidad de dicha conjetura.

3.1 FUNDAMENTOS TEÓRICOS SOBRE LOS NÚMEROS PRIMOS GOLDBACH

El matemático Christian Goldbach (1690 – 1764) en una carta dirigida al ilustre compañero Euler en 1742, le comentaba que había observado que todo número par mayor que dos podía escribirse como la suma de dos números primos. Además, que todo número impar mayor que cinco podía escribirse como la suma de tres números primos. Es aquí donde surgen estas grandes conjeturas. La conjetura de Goldbach, conocida también como la conjetura fuerte de Goldbach dice que: "todo número par mayor que 2 puede escribirse como la suma de dos números primos".

En la actualidad, la demostración de esta conjetura es considerada uno de los problemas difíciles para resolver en las matemáticas. Sin embargo, estudiosos no logran comprender como un problema con enunciado tan sencillo no se haya resuelto aún. Como se expresó antes, a la fecha, la Conjetura de Goldbach no se ha demostrado, pero con la ayuda de los ordenadores se ha verificado que esto es cierto para todos los números pares menores que 10^{18}, pero esto no valida que sea cierta en términos generales, ya que, hay infinitos números pares mayores que el número máximo que tomó en el ordenador para verificar dicha conjetura [9]. Es importante resaltar que a la búsqueda de solución de este problema se le ha hecho mucha publicidad. Es así como en el año 2000 se presentó una novela de televisión titulada "El tío Petros y la conjetura de Goldbach" del autor griego Apostolos Diosiadis, donde una de sus tramas principales era la conjetura de Goldbach. Además, la Editorial Faber and Faber, la promocionó ofreciendo como premio un millón de dólares para el que la logrará resolver antes de abril de 2002, pero nadie reclamo dicho premio.

Por otro lado, la conjetura débil de Goldbach dice que "*todo número impar mayor que 5 se puede escribir como la suma de tres números primos*". A esta conjetura se le conoce con el nombre de conjetura débil porque si se resuelve la conjetura fuerte, está también quedaría resuelta.

3.2 DEFINICIÓN DE NÚMEROS PRIMOS

Según [10], los números primos parecen cosas simples, ya que, son usados por todos para multiplicar números enteros. Sin embargo, los números primos son los bloques constituyentes básicos de los números naturales y aparecen en todas las matemáticas. Son misteriosos y parecen distribuirse prácticamente al azar. No hay duda de que los primos son un enigma. Quizás esto es una consecuencia de su definición, por lo que, es necesario entender los primos, para desentrañar sus grandes secretos y fortalezas en el mundo de las matemáticas.

Durante miles de años los matemáticos se han encargado de mejorar significativamente el análisis y comprensión de los números primos, y como consecuencia de esto, han resuelto diversos problemas asociados a estos. Sin embargo, aún quedan problemas e interrogantes por resolver. Según [10], existen problemas matemáticos importantes como lo son el último teorema de Fermat o la conjetura de Goldbach, los cuales son considerados como los enigmas que juegan un papel relevante en las bases de las matemáticas. En el libro titulado "Los grandes problemas matemáticos" Stewart, explica cuáles son estos problemas, su importancia, así como lo que impulsa a los matemáticos a retos increíbles para resolverlos, además, de proyectar su situación en el contexto de las matemáticas y las ciencias en general. Este trabajo realizado por Stewart es una guía ideal en este mundo misterioso y emocionante, que muestra cómo los matemáticos modernos se enfrentan a los retos establecidos por sus predecesores. Según [11] el estudio de los números primos ha tenido varios enfoques o técnicas. Por ejemplo, el procedimiento de tamiz aplicado por Eratóstenes [12], trabajo que ha iluminado algunos métodos modernos sobre el cribado [13], a la migración del análisis al campo de su distribución, propuesto por Gauss [14]. Muchas conjeturas, postulados y teoremas en teoría de números están fundamentado en el supuesto de que la hipótesis de Riemann, relacionada con números primos, es cierto. Por cierto, que la prueba de la hipótesis de Riemann da la idea de que existe un patrón oculto en la distribución de números primos. Estos patrones han sido analizados utilizando aplicaciones dinámicas [15]. Hoy en día se han aplicado sistemas físicos con el análisis de los números primos, por ejemplo, al analizar el espectro de valores propios de números aleatorios se emplearon matrices, comúnmente utilizadas para analizar el caos cuántico [16].

En este trabajo [17], se hace un estudio de los números primos de un conjunto de naturales comprendidos de 1 al 100.000.000, el cual es una cantidad de números primos grandemente estimado, en su análisis presenta una cantidad de números primos que concurren en determinado intervalo de números, su organización, clasificación y diferencias que coexisten entre ellos. Es importante resaltar que los números primos en la actualidad son altamente estudiados, pues tienen muchos usos, uno de ellos es el de emplearse para codificar cualquier tipo de información de forma segura, puesto que estos números se caracterizan por ser únicos y no se ajustan a ninguna regla o patrón para construirlos.

Definición de un número primo: Es importante resaltar que un entero n se llama primo si $n > 1$ y si los únicos divisores positivos de n son 1 y n. Si $n > 1$ y no es primo, entonces n se llama compuesto [18]. En las notaciones para representar los números primos usualmente se usan las siguientes letras: p, p', p_i, q, q', q_i.

Teorema 1. Cada entero $n > 1$ es primo o producto de números primos.

Demostración: Procederemos por inducción sobre n. El resultado es cierto cuando $n = 2$. Supondremos ahora que el resultado es cierto para cada entero mayor que 2 y menor que n (Hipótesis Inductiva). Si n es primo, se tiene el resultado. Si, por el contrario, n no es primo, entonces tiene un divisor $d \neq 1$, $d \neq n$. Por lo tanto $n = c\, d$, donde $c \neq n$ y tanto c como d son mayores que 1 y menores que n; la hipótesis inductiva aplicada a c y d conlleva a que cada uno de ellos es producto de primos, consecuentemente, n también lo será.

Teorema 2. Existe una infinidad de números primos.

Demostración de Euclides: Supondremos que sólo existe un número finito de primos, digamos que estos son $p_1, p_2, ..., p_n$. Sea $N = 1 + p_1 p_2 ... p_n$. De la definición de N, es claro que $N > 1$ y que $N > p_i$ para todo i; por lo que N no es primo. Por el Teorema 1 N es producto de primos. Afirmamos que ningún p_i divide a N, ya que si p_i/N para algún i entonces p_i divide la diferencia $N - p_1 p_2 ... p_n = 1$, es decir $p_i/1$, lo cual es imposible por ser p_i un primo.

Teorema 3. Si un primo p no divide a a, entonces $(p, a) = 1$.

Demostración: Si $(p, a) = d > 1$. Entonces d/p, y como p es primo entonces $d = 1$ o $d = p$. Pero d/a luego $d \neq p$ puesto que p no divide a a. En consecuencia $d = 1$, lo que contradice el hecho que $d > 1$.

Teorema 4. Si un primo p divide a ab, entonces p/a o p/b. En general, si un primo p divide a un producto finito $a_1 . a_2 ... a_n$, entonces p divide a por lo menos uno de los factores.

Demostración: Suponemos que p/ab y que p $(no /)$ a. Veremos que p/b. Por el Teorema 3, $(p, a) = 1$, luego por el Lema de Euclides, $p \backslash b$.
Para demostrar la afirmación general se procede por inducción sobre el número de factores n. Los detalles de esta se dejan al lector.

Teorema 5. Teorema fundamental de la Aritmética. Cada entero $n > 1$ se puede representar como un producto de factores primos de forma única, salvo el orden de los factores.

Demostración: Procederemos por inducción sobre n. El teorema es verdadero para $n = 2$. Supondremos, entonces, que es verdadero para todo entero mayor que 2 y menor que n (Hipótesis Inductiva). Probaremos que es verdadero también para n. Si n es primo no hay que probar nada. Por lo tanto, supondremos que n es compuesto y admite dos descomposiciones, que son

$$n = p_1 p_2 ... p_s = q_1 q_2 ... q_t$$

Queremos demostrar que $s = t$ y que cada p es igual a algún q. Dado que p_1 divide al producto $q_1 q_2 \cdots q_t$ debe dividir a uno, por lo menos, de los factores. Ordenaremos los $q_1, q_2, ..., q_t$ de forma que p_1/q_1. Entonces $p_1 = q_1$ ya que p_1 y q_1 son primos. Entonces $n = p_1 p_2 ... p_s = q_1 q_2 ... q_t$ Podemos dividir por p_1 obteniendo

$$\frac{n}{p_1} = p_2 \cdots p_s = q_2 \cdots q_t$$

Si $s > t$ o $t > 1$, entonces $1 < \frac{n}{p_1} < n$. La hipótesis de inducción expresa que las dos descomposiciones de $\frac{n}{p_1}$ son idénticas, si prescindimos del orden de los factores. Por consiguiente $s = t$ y las descomposiciones de $n = p_1 p_2 ... p_s = q_1 q_2 ... q_t$ son también idénticas, si prescindimos del orden de los factores. Esto completa la demostración.

El Pequeño Teorema de Fermat

En una carta a Bernard Frenicle de Bessy in 1640, el teórico de los números francés Pierre de Fermat propuso el siguiente teorema, en realidad no era un teorema propiamente dicho sino una conjetura, [19]. "Si p es un número primo, entonces para cada número a el número $a^p - a$ es divisible en p ".

Demostración:

1) Sea p un número primo: Si $a = 0 \rightarrow 0^p - 0 = 0$ divisible en p. Si $a = 1 \rightarrow 1^p - 1 = 0$ divisible en p

2) Suponemos que si para todos los valores positivos de a tenemos que $a^p - a$ es divisible en p por inducción matemática la hipótesis es válida también para $a + 1$, entonces tenemos que: $a^p - a$ es divisible en p, $(a + 1)^p - (a + 1)$ es divisible en p. Por Teorema del Binomio sabemos que:

$$(a + 1)^p = a^p + \binom{p}{1} a^{p-1} + \binom{p}{2} a^{p-2} + \cdots + \binom{p}{p - 1} a + 1$$

Hacemos pasaje de términos y obtenemos:

$$(a + 1)^p - a^p - 1 = \binom{p}{1} a^{p-1} + \binom{p}{2} a^{p-2} + \cdots + \binom{p}{p - 1} a$$

$$(a+1)^p - (a^p+1) = \binom{p}{1} a^{p-1} + \binom{p}{2} a^{p-2} + \cdots + \binom{p}{p-1} a \quad (1)$$

En el lado derecho de la ecuación (1) encontramos que cada coeficiente $\binom{p}{k}$ con $k = 1, 2, 3, \ldots, p-1$ es divisible en p. Por la propia definición de $\binom{p}{k}$ tenemos que: $\binom{p}{k} k! = p(p-1)(p-2)\ldots(p-k-1)$ aquí p divide la parte derecha de la ecuación. Para todos los coeficientes de la expresión, k es un valor menor a p, entoces el factor primo p no ocurre en el producto $k!$, por lo tanto p divide a $\binom{p}{k}$. Entonces como p divide a cada coeficiente del lado derecho de la ecuación (1), debe dividir también a la expresión completa del lado derecho y consecuentemente divide también el lado izquierdo $(a+1)^p - (a^p+1)$.
A partir de la hipótesis inductiva que p divide a $a^p - a$, tenemos que:

$$[(a+1)^p - a^p - 1] + [a^p - a] = (a+1)^p - a^p - 1 + a^p - a$$
$$[(a+1)^p - a^p - 1] + [a^p - a] = (a+1)^p - (a+a)$$

Por lo tanto, por inducción matemática la hipótesis es válida para todos los valores positivos de a.

3) La demostración se completa considerando los valores negativos de a. Entonces definimos a los valores negativos de a como $-a$.
- Si p es igual a 2, tenemos que: $(-a)^p - (-a) = (-a)^p + a = a^2 + a = a(a+1)$. Los factores a y $(a+1)$ son consecutivos, entonces uno de ellos es par y su producto divisible en 2.
- Si p es impar: $(-a)^p - (-a) = -a^p + a = -(a^p - a)$. Sabemos que si a es positivo divide a $(a^p - a)$, por lo tanto, también divide a $-(a^p - a)$.

Según [20], es importante verificar que los resultados obtenidos cumplen con los criterios de congruencia o familia de congruencias dependiendo que d se cumple para (casi) todos los valores primos de d (o alguna expresión dependiente de d) y no se cumple en general para valores compuestos de d, a continuación, se enuncian teoremas de congruencia clásicos y famosos de este tipo:
- Si d es un número primo, entonces $a^d \equiv a \pmod{d}$ para cada $a \in \mathbb{Z}$ (pequeño de Fermat teorema).
- d es un número primo si y solo si $(d-1)! \equiv -1 \pmod{d}$ (teorema de Wilson).
- Si d es un número primo mayor que 3, entonces $\binom{2d-1}{d-1} \equiv 1 \pmod{d^3}$ (Wolstenholme teorema, para sus variaciones ver [21], [22], [23], [24].
- Si d es un número primo, entonces para cualquier $m, n \in \mathbb{N}$ tenemos: $\binom{m}{n} \equiv \prod_{j=0}^{k} \binom{m_j}{n_j} \pmod{d}$, donde $m = \sum_{j=0}^{k} m_j \, d^j$ y $n = \sum_{j=0}^{k} n_j \, d^j$, (teorema de Lucas, para sus generalizaciones ver [25], [26], [27], [28], [29].

3.3.1 OBTENCIÓN DE LOS NÚMEROS PARES A PARTIR DE LA SUMA DE DOS NÚMEROS PRIMOS

➢ La Conjetura fuerte de Goldbach: "Todo número par mayor que 2 puede escribirse como la suma de dos números primos".

➢ **Demostración:** Primero se encuentran los números primos y se ordenan de menor a mayor, $p_1 < p_2 < p_3 < p_4 < p_5 < p_6 < \cdots < p_{n-1} < p_n < \cdots$, donde:

Posición (n)	1	2	3	4	5	6	7	8	9	10	11	12	13	14	15	...	n	...
Número primo (p_n)	2	3	5	7	11	13	17	19	23	29	31	37	41	43	47	...	p_n	...
Diferencia $|p_n - p_{n-1}|$		1	2	2	4	2	4	2	4	6	2	6	4	2	4	...	$|p_n - p_{n-1}|$	...

Se encuentran todas las combinaciones resultantes de sumar dos números primos. Para ello se construye una matriz M cuadrada de $(n \times n)$ de la siguiente forma:

$$M = \begin{cases} p_i + p_j & si \quad (i \le j) \;\wedge\; mod\big((p_i + p_j), 2\big) = 0 \\ 1 & para\ cualquier\ otro\ valor\ de\ p_i + p_j \end{cases} \quad (1)$$

Con $i, j \in \mathbb{N}$ que representan las filas y columnas de la Matriz M. Esto implica que la matriz tiene forma de:

Donde $m_{11} = p_1 + p_1$, $m_{12} = p_1 + p_2$, $m_{13} = p_1 + p_3$, ... $m_{nn} = p_n + p_n = 2p_n$ y así sucesivamente hasta llegar al elemento final de la matriz. Se puede observar que la matriz M, contiene todos los números pares que se generan al sumar dos números primos, Estadísticamente según [30] se genera una cantidad de números pares igual a:

$$Números\ pares\ generados = 1 + C(n,r) = 1 + \frac{n!}{(n-r)!\ r!} \quad (2)$$

Donde n son los números primos utilizados y r es 2, por tomarse la suma de dos números primos seleccionados.

Para encontrar cualquier número par en la matriz M, procedemos de la siguiente manera: se escribe el número par (x), lo dividimos entre dos $(\frac{x}{2})$, luego se busca el número primo (p_n) con la condición de que

$\frac{x}{2} < p_n$. Una vez obtenido el número primo p_n, se ubica en la columna de la matriz M. El número x se encontrará en esa columna o en las siguientes que inicien con un número par menor que x.

Es importante resaltar que la matriz M, tiene todas diferencias entre dos números primos consecutivos, es decir: $|p_n - p_{n-1}|$, esta diferencia puede se *1, 2, 4, 6, 8… 2n*. Lo que garantiza encontrar todos los números pares que poseen dicha diferencia. Basándose en los resultados de la matriz M, que contiene todos los números pares generados al sumar dos números primos, se puede calcular el producto de cada uno de los elementos, esto es:

$$Pm = \prod_{j=1}^{n}\left(\prod_{i=1}^{n} m_{ij}\right) \qquad (3)$$
$$Pm = (m_{11}\, m_{21}\, m_{31}\, …)(m_{12}\, m_{22}\, m_{32}\, …)(m_{13}\, m_{23}\, m_{33}\, …) …$$

Esto implica que: $Pm = m_{11}\, m_{21}\, m_{31}\, … m_{12}\, m_{22}\, m_{32}\, … m_{13}\, m_{23}\, m_{33}\, …$

Una vez realizados el paso anterior, escribimos los números pares comprendidos entre 4 y la suma de último número primo analizado por el mismo, es decir $a = p_n + p_n = 2p_n$, esto es:
$$Numeros\ Pares = \{4, 6, 8, 10, 12, 14, 16, 18, 20 … (p_n + 1), (p_n + 3) …\}$$

Para verificar que todos estos números pares están dentro la matriz en la parte triangular superior, realizamos el siguiente procedimiento en dos pasos:

1) Se calcula el producto de todos estos números pares, es decir:
$$Pp = \prod_{k=2}^{\frac{p_n+3}{2}} 2k \qquad (4)$$

2) Para comprobar si todos los números pares están generados por la suma de dos números primos, aplicamos la siguiente condición que es clara para verificar esto, y consiste en dividir el producto de la matriz (Pm) entre el producto de todos los números pares (Pp) obtenidos anteriormente, esto es:
$$\frac{Pm}{Pp} = \frac{\prod_{j=1}^{n}\left(\prod_{i=1}^{n}(m_{ij})\right)}{\prod_{k=2}^{\frac{p_n+3}{2}} 2k} = C \qquad (5)$$

Donde $C \in \mathbb{N}$, Lo que garantiza que el residuo de la división es cero, o equivalentemente, si calculamos la función: $mod(PM, Pp) = 0$

Demostraremos lo anterior por el método de inducción matemática, el cual garantiza que todo número natural n, si: $\frac{Pm}{Pp} = \frac{\prod_{j=1}^{n}\left(\prod_{i=1}^{n}(m_{ij})\right)}{\prod_{k=2}^{\frac{p_n+3}{2}} 2k}$ entonces se cumple que el residuo es cero es decir que el $mod(Pm, Pp) = 0$.

Demostración:

Paso 1) Base de inducción. Hay que mostrar que la afirmación es cierta en el primer caso, para n = 1, el primer número primo, entonces $p_1 = 2$.
$$\frac{Pm(1)}{Pp(1)} = \frac{\prod_{j=1}^{1}\left(\prod_{i=1}^{1}(m_{ij})\right)}{\prod_{k=2}^{2} 2k} = \frac{m_{11}}{2\,(2)} = \frac{p_1 + p_1}{4} = \frac{2+2}{4} = \frac{4}{4} = 1$$
De aquí que $mod(4, 4) = 0$. Así que la afirmación vale para n=1.

Paso 2) Hipostasis de inducción. Suponemos que la afirmación es cierta para un n
$$\frac{Pm(n)}{Pp(n)} = \frac{\prod_{j=1}^{n}\left(\prod_{i=1}^{n}(m_{ij})\right)}{\prod_{k=2}^{\frac{p_n+3}{2}} 2k}$$

$$\frac{(m_{11}\ m_{21}\ m_{31}\ m_{41}...m_{n1})(m_{12}\ m_{22}\ m_{32}\ m_{42}...m_{n2})(m_{13}\ m_{23}\ m_{33}\ m_{43}...m_{n3})}{(m_{14}\ m_{24}\ m_{34}\ m_{44}\ m_{54}...m_{n4})(m_{15}\ m_{25}\ m_{35}\ m_{45}\ m_{55}\ m_{65}...m_{n5})...(m_{1n}\ m_{2n}\ m_{3n}\ m_{4n}...m_{nn})}{4*6*8*10*...*2\left(\frac{p_n+3}{2}\right)}.$$

$$=\frac{\begin{array}{c}((p_1+p_1)*1*1*1*...*1)(1*(p_2+p_2)*1*1*...*1)(1*(p_2+p_3)*(p_3+p_3)*1*...*1)\\(1*(p_2+p_4)*(p_3+p_4)*(p_4+p_4)*1...*1)(1*(p_2+p_5)*(p_3+p_5)*(p_4+p_5)*(p_5+p_5)*1*...1)...\\\left(1*(p_2+p_n)*(p_3+p_n)*(p_4+p_n)*(p_5+p_n)...*(p_n+p_n)\right)\end{array}}{4*6*8*10*...*(p_n+3)}$$

$$=\frac{\begin{array}{c}(4*1*1*...*1)(1*6*1*...*1)(1*8*10*1...*1)\\(1*10*12*14*1...*1)(1*14*16*18*22*1*...*1)...\\\left(1*(3+p_n)*(5+p_n)*(7+p_n)*(11+p_n)...*(p_n+p_n)\right)\end{array}}{4*6*8*10*...*(p_n+3)}$$

De aquí que:

$$\frac{Pm(n)}{Pp(n)}=\frac{(4)(6)(8*10)(10*12*14)(14*16*18*22)*...*\left((3+p_n)*(5+p_n)*(7+p_n)*(11+p_n)...*2p_n\right)}{4*6*8*10*...*(p_n+3)}$$

$$\frac{Pm(n)}{Pp(n)}=10*14*...*(5+p_n)*(7+p_n)*(11+p_n)...*2p_n$$

De donde se tiene que: $mod(PM(n),Pp(n))=0$

Paso 3) Debemos mostrar que entonces es cierta para $n+1$.

$$\frac{Pm(n+1)}{Pp(n+1)}=\frac{\prod_{j=1}^{n+1}\left(\prod_{i=1}^{n+1}(m_{ij})\right)}{\prod_{k=2}^{\frac{p_{n+1}+3}{2}}2k}$$

$$=\frac{\left(m_{1(n+1)}\ m_{2(n+1)}\ m_{3(n+1)}\ m_{4(n+1)}\ m_{5(n+1)}\ m_{6(n+1)}...m_{(n+1)(n+1)}\right)}{\left(2\frac{p_{n+1}+3}{2}\right)}\frac{\prod_{j=1}^{n}\left(\prod_{i=1}^{n}(m_{ij})\right)}{\prod_{k=2}^{\frac{p_n+3}{2}}2k}$$

$$=\frac{\left(1*(p_2+p_{n+1})*(p_3+p_{n+1})*(p_4+p_{n+1})*(p_5+p_{n+1})*...*(p_{n+1}+p_{n+1})\right)}{(p_{n+1}+3)}\frac{\prod_{j=1}^{n}\left(\prod_{i=1}^{n}(m_{ij})\right)}{\prod_{k=2}^{\frac{p_n+3}{2}}2k}$$

$$=\frac{\left((3+p_{n+1})*(5+p_{n+1})*(7+p_{n+1})*(11+p_{n+1})*...*(p_{n+1}+p_{n+1})\right)}{(p_{n+1}+3)}\frac{\prod_{j=1}^{n}\left(\prod_{i=1}^{n}(m_{ij})\right)}{\prod_{k=2}^{\frac{p_n+3}{2}}2k}$$

Reduciendo términos semejantes.

$$\frac{Pm(n+1)}{Pp(n+1)}=\frac{\left((3+p_{n+1})*(5+p_{n+1})*(7+p_{n+1})*(11+p_{n+1})*...*2p_{n+1}\right)}{(p_{n+1}+3)}\frac{\prod_{j=1}^{n}\left(\prod_{i=1}^{n}(m_{ij})\right)}{\prod_{k=2}^{\frac{p_n+3}{2}}2k}$$

$$=\left((5+p_{n+1})*(7+p_{n+1})*(11+p_{n+1})*...*2p_{n+1}\right)\frac{\prod_{j=1}^{n}\left(\prod_{i=1}^{n}(m_{ij})\right)}{\prod_{k=2}^{\frac{p_n+3}{2}}2k}$$

Como $\frac{Pm(n)}{Pp(n)}\frac{\prod_{j=1}^{n}\left(\prod_{i=1}^{n}(m_{ij})\right)}{\prod_{k=2}^{\frac{p_n+3}{2}}2k}$ es cierta por la hipótesis de inducción, se demuestra que:

$$mod(PM(n+1),Pp(n+1))=0$$

Lo que demuestra que todos los números pares comprendidos entre 4 y N son generados por la suma de dos números primos mayores que 2.

Ejemplo de aplicación. Encontrar todos los números pares comprendidos entre 4 y 50, usando los números primos.
Solución: Primero encontramos los números primos comprendidos entre 2 y 50; estos son: 2   3   5   7   11   13   17   19   23   29   31   37   41   43 y 47.

53

Esto implica que $n = 15$. Con base en esta información se construye la matriz M que contiene todas las combinaciones de los números pares que se obtienen al sumar dos números primos mayores que 2.

+	2	3	5	7	11	13	17	19	23	29	31	37	41	43	47
2	4	1	1	1	1	1	1	1	1	1	1	1	1	1	1
3	1	6	8	10	14	16	20	22	26	32	34	40	44	46	50
5	1	1	10	12	16	18	22	24	28	34	36	42	46	48	52
7	1	1	1	14	18	20	24	26	30	36	38	44	48	50	54
11	1	1	1	1	22	24	28	30	34	40	42	48	52	54	58
13	1	1	1	1	1	26	30	32	36	42	44	50	54	56	60
17	1	1	1	1	1	1	34	36	40	46	48	54	58	60	64
19	1	1	1	1	1	1	1	38	42	48	50	56	60	62	66
23	1	1	1	1	1	1	1	1	46	52	54	60	64	66	70
29	1	1	1	1	1	1	1	1	1	58	60	66	70	72	76
31	1	1	1	1	1	1	1	1	1	1	62	68	72	74	78
37	1	1	1	1	1	1	1	1	1	1	1	74	78	80	84
41	1	1	1	1	1	1	1	1	1	1	1	1	82	84	88
43	1	1	1	1	1	1	1	1	1	1	1	1	1	86	90
47	1	1	1	1	1	1	1	1	1	1	1	1	1	1	94

En la matriz M se puede observar que se generaron todos los números pares comprendidos entre 4 y 50, además de generar otros números pares comprendidos entre 54 y 90. Estadísticamente se genera una cantidad de números pares igual $1 + C(n, r)$, Donde n es son los números primos utilizados y r es 2 por tomarse la suma de dos números primos seleccionados, esto es:

$$1 + C(15,2) = 1 + \frac{15!}{(15 - 2)! \; 2!} = 1 + 105 = 106$$

Para observar mejor los números pares generados comprendidos entre 4 a 50, expresamos la matriz M de la siguiente forma:

+	2	3	5	7	11	13	17	19	23	29	31	37	41	43	47
2	4	1	1	1	1	1	1	1	1	1	1	1	1	1	1
3	1	6	8	10	14	16	20	22	26	32	34	40	44	46	50
5	1	1	10	12	16	18	22	24	28	34	36	42	46	48	1
7	1	1	1	14	18	20	24	26	30	36	38	44	48	50	1
11	1	1	1	1	22	24	28	30	34	40	42	48	1	1	1
13	1	1	1	1	1	26	30	32	36	42	44	50	1	1	1
17	1	1	1	1	1	1	34	36	40	46	48	1	1	1	1
19	1	1	1	1	1	1	1	38	42	48	50	1	1	1	1
23	1	1	1	1	1	1	1	1	46	1	1	1	1	1	1
29	1	1	1	1	1	1	1	1	1	1	1	1	1	1	1
31	1	1	1	1	1	1	1	1	1	1	1	1	1	1	1
37	1	1	1	1	1	1	1	1	1	1	1	1	1	1	1
41	1	1	1	1	1	1	1	1	1	1	1	1	1	1	1
43	1	1	1	1	1	1	1	1	1	1	1	1	1	1	1
47	1	1	1	1	1	1	1	1	1	1	1	1	1	1	1

La matriz es la que se designa como la matriz *M*. Para apreciar y hacer seguimiento a los números pares de la matriz anterior, se trabajará de forma simbólica, esto es:

+	2	3	5	7	11	13	17	19	23	29	31	37	41	43	47
2	a4	1	1	1	1	1	1	1	1	1	1	1	1	1	1
3	1	a6	a8	a10	a14	a16	a20	a22	a26	a32	a34	a40	a44	a46	a50
5	1	1	a10	a12	a16	a18	a22	a24	a28	a34	a36	a42	a46	a48	1
7	1	1	1	a14	a18	a20	a24	a26	a30	a36	a38	a44	a48	a50	1
11	1	1	1	1	a22	a24	a28	a30	a34	a40	a42	a48	1	1	1
13	1	1	1	1	1	a26	a30	a32	a36	a42	a44	a50	1	1	1
17	1	1	1	1	1	1	a34	a36	a40	a46	a48	1	1	1	1
19	1	1	1	1	1	1	1	a38	a42	a48	a50	1	1	1	1
23	1	1	1	1	1	1	1	1	a46	1	1	1	1	1	1
29	1	1	1	1	1	1	1	1	1	1	1	1	1	1	1
31	1	1	1	1	1	1	1	1	1	1	1	1	1	1	1
37	1	1	1	1	1	1	1	1	1	1	1	1	1	1	1
41	1	1	1	1	1	1	1	1	1	1	1	1	1	1	1
43	1	1	1	1	1	1	1	1	1	1	1	1	1	1	1
47	1	1	1	1	1	1	1	1	1	1	1	1	1	1	1

Se encuentran los productos de cada uno de los elementos de la matriz (*M*) simbólica y numéricamente anterior esto es:

$$Pm = \prod_{j=1}^{15} \left(\prod_{i=1}^{15} (m_{ij}) \right)$$

$$= a4 * a6 * a8 * a10^2 * a12 * a14^2 * a16^2 * a18^2 * a22^3 * a20^2 * a24^3 * a26^3 * a28^2$$
$$* a30^3 * a34^4 * a32^2 * a36^4 * a38^2 * a40^3 * a42^4 * a46^4 * a48^5 * a44^3 * a50^4$$

El resultado numéricamente es:

$$Pm = 3.2941 * 10^{91}$$

A continuación, encontramos los números pares comprendidos entre 4 y 50, esto es:

$$\text{Números pares} = \left\{ \begin{matrix} 4, & 6, & 8, & 10, & 12, & 14, & 16, & 18, & 20, & 22, & 24, & 26, 28, & 30, & 32, \\ & & & 34, 36, 38, 40, 42, 44, 46, 48, 50 \end{matrix} \right\}$$

Para hacerle seguimiento a estos números, los expresaremos en forma simbólica, esto es:

$$\text{Números pares} = \left\{ \begin{matrix} a4, a6, a8, a10, a12, a14, a16, a18, a20, a22, a24, a26, a28, a30, a32, \\ a34, a36, a38, a40, a42, a44, a46, a48, a50 \end{matrix} \right\}$$

Para verificar que todos estos números pares están en la parte triangular superior de la matriz, realizamos el siguiente procedimiento:
Calculamos el producto de todos estos números pares usando la representación simbólica, con el fin de observar el seguimiento de los números pares, es decir

$$Pp = \prod_{k=2}^{25} 2k =$$
$$a4 * a6 * a8 * a10 * a12 * a14 * a16 * a18 * a20 * a22 * a24 * a26 * a28 * a30 * a32 * a34$$
$$* a36 * a38 * a40 * a42 * a44 * a46 * a48 * a50$$

Si multiplicamos todos los números pares comprendidos entre 4 a 50 el resultado numérico es:
$$Pp = 2.6023 * 10^{32}$$

Para comprobar que todos los números pares comprendidos entre 4 y 50 están dentro de los pares generados al sumar dos números primos realizamos la división del producto de la matriz (Pm) entre producto de todos los números pares obtenido anteriormente (Pp), esto es:

$$\frac{Pm}{Pp} = \frac{\prod_{j=1}^{15}\left(\prod_{i=1}^{15}\left(m_{ij}\right)\right)}{\prod_{k=2}^{25} 2k}$$
$$= a10 * a14 * a16 * a18 * a22^2 * a20 * a24^2 * a26^2 * a28 * a30^2 * a34^3 * a32 * a36^3$$
$$* a38 * a40^2 * a42^3 * a46^3 * a48^4 * a44^2 * a50^3$$

En la forma simbólica se puede observar que se simplifican todos los factores del denominador el cual es el producto de todos los números pares comprendidos desde 4 a 50. Lo que garantiza que el residuo de la división es cero. Ahora si se realiza el cálculo numéricamente no daría:

$$\frac{Pm}{Pp} = \frac{3.2941 * 10^{91}}{2.6023 \; 10^{32}} = 1.2658 * 10^{59}$$

El resultado que se obtiene es un número natural. Además, si calculamos la función modulo del producto de todos los números de la matriz triangular superior y del producto de los números pares menores que el número par máximo obtenido de sumar dos números primos, se obtiene residuo cero, esto es:

$$mod(Pm, Pp) = 0$$

Lo que demuestra que todos los números pares comprendidos entre 4 y 50 son generados por la suma de dos números primos mayores que 2.

3.3.1.1 ANÁLISIS DE LOS NÚMEROS PARES OBTENIDOS DE SUMAR DOS NÚMEROS PRIMOS.

En la siguiente tabla se muestran los resultados sobre la cantidad de números pares que se obtienen al sumar los números primos que existen desde 1 hasta un natural máximo determinado en cada uno de los quince (15) intervalos analizados.

Tabla 25. Cantidad de número pares generados por números primos

Intervalo		números de primos	Total de núm. pares generados	Cantidad de núm. pares menores o iguales que el límite superior	Cantidad de núm. pares mayores que el límite superior	Porcentaje de núm. pares menores o iguales que el límite superior	Porcentaje de núm. pares mayores que el límite superior
Límite inferior	Límite superior						
1	50	15	106	63	43	59,4%	40,6%
1	100	25	301	188	113	62,5%	37,5%
1	200	46	1036	580	456	56,0%	44,0%
1	300	62	1892	1134	758	59,9%	40,1%
1	400	78	3004	1793	1211	59,7%	40,3%
1	500	95	4466	2596	1870	58,1%	41,9%
1	600	109	5887	3504	2383	59,5%	40,5%
1	700	125	7751	4541	3210	58,6%	41,4%
1	800	139	9592	5676	3916	59,2%	40,8%
1	900	154	11782	6923	4859	58,8%	41,2%
1	1000	168	14029	8222	5807	58,6%	41,4%
1	2000	303	45754	26551	19203	58,0%	42,0%
1	3000	430	92236	53107	39129	57,6%	42,4%
1	4000	550	150976	86852	64124	57,5%	42,5%
1	5000	669	223447	127623	95824	57,1%	42,9%

Con base en los resultados obtenidos en la tabla anterior, se puede observar que la cantidad de números pares generados aumenta considerablemente en cada uno de los intervalos. Es significativo resaltar que la cantidad de números pares generados que son menores que límite superior en cada intervalo tienen un porcentaje promedio de 58.7% del total de los números pares generados. Porcentaje donde se evidencian cada uno de los números pares comprendidos en dicho intervalo.

Tabla 26. Cantidad de número pares generados por un número primos

Números primos sumados	Pares generados	números primos sumados	Pares generados
2 con 2	1	59 con 3, 5, 7,.., 59	16
3 con 3	1	61 con 3, 5, 7,.., 61	17
5 con 3, 5	2	67 con 3, 5, 7,.., 67	18
7 con 3, 5, 7	3	71 con 3, 5, 7,.., 71	19
11 con 3, 5, 7, 11	4	73 con 3, 5, 7,.., 73	20
13 con 3, 5, 7, 11, 13	5	79 con 3, 5, 7,.., 79	21
17 con 3, 5, 7,.., 17	6	83 con 3, 5, 7,.., 83	22
19 con 3, 5, 7,.., 19	7	89 con 3, 5, 7,.., 89	23
23 con 3, 5, 7,.., 23	8	97 con 3, 5, 7,.., 97	24
29 con 3, 5, 7,.., 29	9	997 con 3, 5, 7,.., 997	167
31 con 3, 5, 7,.., 31	10	9.973 con 3, 5, 7,.., 9.973	1.228
37 con 3, 5, 7,.., 37	11	99.991 con 3, 5, 7,.., 99.991	9.591
41 con 3, 5, 7,.., 41	12	999.983 con 3, 5, 7,.., 999.983	78.497
43 con 3, 5, 7,.., 43	13	9.999.991 con 3, 5, 7,.., 9.999.991	664.578
47 con 3, 5, 7,.., 47	14	99.999.989 con 3, 5, 7,.., 99.999.989	5.761.454
53 con 3, 5, 7,.., 53	15	499.999.993 con 3, 5, 7,.., 499.999.993	26.355.866

Los resultados de la tabla anterior indican que la cantidad de números pares generados por los números primos muestra una tendencia línea en la cantidad de números pares que se generan al sumar dos números primos, ver la gráfica siguiente.

Grafica 6. Cantidad de pares generados al sumar dos números primos

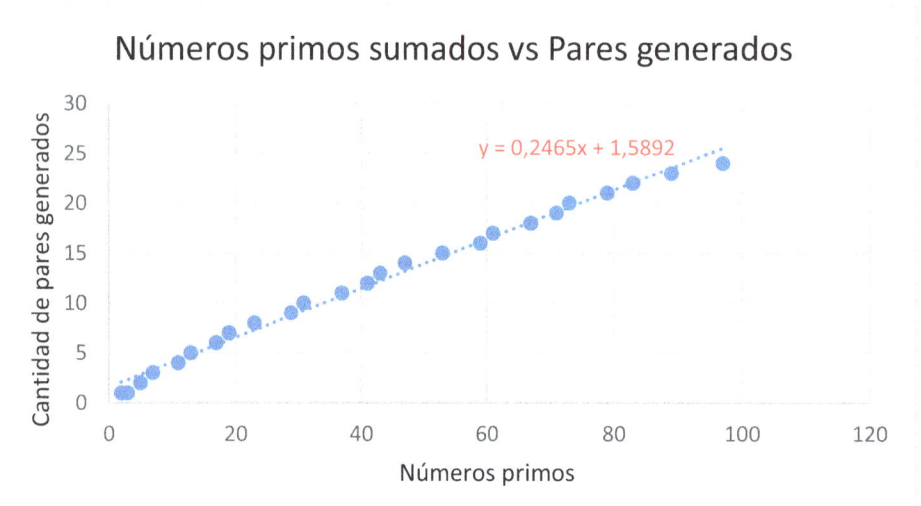

Para implementar computacionalmente este problema se realizó el código en el ambiente de MATLAB, el cual se caracteriza por combinar un entorno de escritorio perfeccionado para el análisis iterativo y los procesos de diseño con un lenguaje de programación que expresa las matemáticas de matrices directamente [31]. A continuación, se presenta la programación en Matlab.

3.3.2 OBTENCIÓN DE LOS NÚMEROS IMPARES A PARTIR DE LOS NÚMEROS PRIMOS

Para comprobar que se pueden obtener los números impares usando los números primos, se demostrará la conjetura débil de Goldbach que dice que: "todo número impar mayor que 5 puede escribirse como la suma de tres números primos".

Demostración: Primero se encuentran los números primos y se ordenan de menor a mayor, $p_1 < p_2 < p_3 < p_4 < p_5 < p_6 < \cdots < p_{n-1} < p_n < \cdots$, donde:

Posición (n)	1	2	3	4	5	6	7	8	9	10	11	12	13	14	15	...	n	...
Número primo (p_n)	2	3	5	7	11	13	17	19	23	29	31	37	41	43	47	...	p_n	...
Diferencia $\lvert p_n - p_{n-1} \rvert$		1	2	2	4	2	4	2	4	6	2	6	4	2	4	...	$\lvert p_n - p_{n-1} \rvert$	...

Para obtener los números impares que provienen de la suma de tres números primos se procede de la siguiente manera:

➢ Si usamos la conjetura fuerte de Goldbach: "todo número par mayor que 2 puede escribirse como la suma de dos números primos", y a estos números pares le sumamos tres (3) que es un número primo obtenemos todos los números impares, esto genera la matriz *M3*:

Se encuentran todas las combinaciones resultantes de sumar tres números primos. Para ello se construye una matriz M3 cuadrada de $(n \times n)$ de la siguiente forma:

$$M3 = \begin{cases} p_i + p_j + 3 & si \quad (i \le j) \wedge mod\big((p_i + p_j), 2 \big) \ne 0 \\ 1 & para \; cualquier \; otro \; valor \; de \; p_i + p_j \end{cases} \quad (6)$$

$$
\begin{array}{c|ccccccccccc}
+ & p_1 & p_2 & p_3 & p_4 & p_5 & p_6 & p_7 & p_8 & \cdots & p_n & \cdots \\
\hline
p_1 & m_{11}+3 & 1 & 1 & 1 & 1 & 1 & 1 & 1 & & 1 & \cdots \\
p_2 & 1 & m_{22}+3 & m_{23}+3 & m_{24}+3 & m_{25}+3 & m_{26}+3 & m_{27}+3 & m_{28}+3 & \cdots & m_{2n}+3 & \cdots \\
p_3 & 1 & 1 & m_{33}+3 & m_{34}+3 & m_{35}+3 & m_{36}+3 & m_{37}+3 & m_{38}+3 & \cdots & m_{3n}+3 & \cdots \\
p_4 & 1 & 1 & 1 & m_{44}+3 & m_{45}+3 & m_{46}+3 & m_{47}+3 & m_{48}+3 & \cdots & m_{4n}+3 & \cdots \\
p_5 & 1 & 1 & 1 & 1 & m_{55}+3 & m_{56}+3 & m_{57}+3 & m_{58}+3 & \cdots & m_{5n}+3 & \cdots \\
p_6 & 1 & 1 & 1 & 1 & 1 & m_{66}+3 & m_{67}+3 & m_{68}+3 & \cdots & m_{6n}+3 & \cdots \\
p_7 & 1 & 1 & 1 & 1 & 1 & 1 & m_{77}+3 & m_{78}+3 & \cdots & m_{7n}+3 & \cdots \\
p_8 & 1 & 1 & 1 & 1 & 1 & 1 & 1 & m_{88}+3 & \cdots & m_{8n}+3 & \cdots \\
\vdots & \vdots & \vdots & \vdots & \vdots & \vdots & \vdots & \vdots & \vdots & \vdots & \vdots & \\
p_n & 1 & 1 & 1 & 1 & 1 & 1 & 1 & 1 & \cdots & m_{in}+3 & \cdots \\
\vdots & \vdots & \vdots & \vdots & \vdots & \vdots & \vdots & \vdots & \vdots & \vdots & \vdots & \\
\end{array}
$$

Donde $m_{11} = p_1 + p_1$, $m_{12} = p_1 + p_2$, $m_{13} = p_1 + p_3$, ... $m_{nn} = p_n + p_n = 2p_n$ ... y así sucesivamente hasta llegar al elemento final de la matriz. El primer número par que se obtiene de la suma de dos números primos es el 4: 2+2=4. Si a este número le sumamos un salto que es un número primo impar, que en este caso será h= 3, tenemos: 2+2+3=7. Siete es el primer número impar mayor que 5. El segundo número par que se obtiene al sumar dos números primos es el 6, que se obtiene de: 3+3=6. Si a este número le sumamos el salto h=3, se tiene el segundo número impar que es 9. El tercer número par que se obtiene de sumar dos números primos es el 8, que viene de 3+5=8, si a este número le sumamos el salto h=3, se obtiene el tercer número impar, que a su vez se obtiene de sumar tres números primos, esto es: 3+5+3=11. Para demostrar que los números impares mayores que cinco (5) se generan de sumar tres números primos se hará de dos formas: la primera usando la función módulo parecida a la que se usó para verificar la generación de los números pares a partir de la suma de dos números primos. Y la segunda es usando el método de inducción matemática, esto es:

➢ **Forma 1. Demostración usando la función módulo.**

La matriz (M3), contiene todos los números impares que se generan al sumar tres números primos, Estadísticamente según [30] se genera una cantidad de números pares igual a:

$$Números\ impares\ generados = 1 + C(n,r) = 1 + \frac{n!}{(n-r)!\ r!} \qquad (7)$$

Donde n son los números primos utilizados y r es 2 por tomarse la suma de dos números primos seleccionados.

Basándose en los resultados de la matriz M3, que contiene todos los números impares generados al sumar tres números primos, se puede calcular el producto de cada uno de los elementos, esto es:

$$Pm3 = \prod_{j=1}^{n}\left(\prod_{i=1}^{n}(m_{ij} + 3)\right) \qquad (8)$$

$$Pm3 = \left((m_{11} + 3)\ (m_{21} + 3)\ (m_{31} + 3)\ ...\right)\left((m_{12} + 3)\ (m_{22} + 3)\ (m_{32} + 3)\ ...\right)\left((m_{13} + 3)\ (m_{23} + 3)\ (m_{33} + 3)\ ...\right)\ ...$$

Esto implica que:

$$Pm3 = (m_{11} + 3)\ (m_{21} + 3)\ (m_{31} + 3)\ ...\ (m_{12} + 3)\ (m_{22} + 3)\ (m_{32} + 3)\ ...$$
$$...\ (m_{13} + 3)\ (m_{23} + 3)\ (m_{33} + 3)\ ...$$

Una vez realizados el paso anterior, escribimos los números impares comprendidos entre 7 y la suma de último primo analizado que es $a = (p_n + 3) + 3 = p_n + 6$, esto es: $Numeros\ impares = \{7, 9, 11, 13, 15, 17, 19, 21, 23 ... p_n + 6, ...\}$. Para verificar que todos estos números impares están dentro la matriz en la parte triangular superior, realizamos el siguiente procedimiento: Se calcula el producto de todos estos números impares, es decir

$$Pi = \prod_{k=2}^{\frac{p_n+3}{2}}(2k + 3) \qquad (9)$$

Lo anterior es el coherente con el Teorema fundamental de la Aritmética. Que dice que cada entero $n > 1$ se puede representar como un producto de factores primos de forma única, salvo el orden de los factores. Para comprobar si todos los números impares están generados por la suma de tres números primos, aplicamos la siguiente condición que es clara para verificar esto, y consiste en dividir el producto de la matriz ($Pm3$) entre el producto de todos los números impares (Pi) obtenidos anteriormente, esto es:

$$\frac{Pm3}{Pi} = \frac{\prod_{j=1}^{n}\left(\prod_{i=1}^{n}(m_{ij}+3)\right)}{\prod_{k=2}^{\frac{p_n+3}{2}}(2k+3)} = B \qquad (10)$$

Donde $B \in \mathbb{N}$, Lo que garantiza que el residuo de la división es cero, o equivalentemente, si calculamos la función: $mod(PM3, Pi) = 0$

Demostración:

Paso 1) Base de inducción. Hay que mostrar que la afirmación es cierta en el primer caso, para n = 1, el primer número primo, entonces $p_1 = 2$.

$$\frac{Pm3(1)}{Pi(1)} = \frac{\prod_{j=1}^{1}\left(\prod_{i=1}^{1}(m_{ij} + 3)\right)}{\prod_{k=2}^{2}(2k + 3)} = \frac{m_{11} + 3}{2(2) + 3} = \frac{p_1 + p_1 + 3}{7} = \frac{2 + 2 + 3}{7} = 1$$

De aquí que $mod(7, 7) = 0$. Así que la afirmación vale para n=1.

Paso 2) Hipostasis de inducción. Suponemos que la afirmación es cierta para un n

$$\frac{Pm3(n)}{Pi(n)} = \frac{\prod_{j=1}^{n}\left(\prod_{i=1}^{n}\left(m_{ij}+3\right)\right)}{\prod_{k=2}^{\frac{p_n+3}{2}}(2k+3)} =$$

$$= \frac{\begin{matrix}((m_{11}+3)\,(m_{21}+3)\,(m_{31}+3)\,(m_{41}+3)\,...\,(m_{n1}+3))\,((m_{12}+3)\,(m_{22}+3)(\,m_{32}+3)\,(m_{42}+3)\,...\,(m_{n2}+3)) \\ ((m_{14}+3)(m_{24}+3)(m_{34}+3)(m_{44}+3)(m_{54}+3)\,...\,(m_{n4}+3)) \\ ((m_{15}+3)(m_{25}+3)(m_{35}+3)(m_{45}+3)(m_{55}+3)(m_{65}+3)\,...\,(m_{n5}+3)) \\ ...\,((m_{1n}+3)\,(m_{2n}+3)\,(m_{3n}+3)\,...\,(m_{nn}+3)) \end{matrix}}{7*9*11*13*...*\left(2\,\frac{p_n+3}{2}+3\right)}$$

$$= \frac{\begin{matrix}((p_1+p_1+3)*1*1*1*...*1)(1*(p_2+p_2+3)*1*1*...*1)(1*(p_2+p_3+3)*(p_3+p_3+3)*1*...*1) \\ (1*(p_2+p_4+3)*(p_3+p_4+3)*(p_4+p_4+3)*1...*1) \\ (1*(p_2+p_5+3)*(p_3+p_5+3)*(p_4+p_5+3)*(p_5+p_5+3)*1...1)... \\ \left(1*(p_2+p_n+3)*(p_3+p_n+3)*(p_4+p_n+3)*(p_5+p_n+3)...*(p_n+p_n+3)\right) \end{matrix}}{\begin{matrix}7*9*11*13*...*(p_n+3+3) \\ (7*1*1*...*1)(1*9*1*...*1)(1*11*13*1...*1) \\ (1*13*15*17*1...*1)(1*17*19*21*25*1*...1)... \end{matrix}}$$

$$= \frac{\left(1*(3+p_n+3)*(5+p_n+3)*(7+p_n+3)*(11+p_n+3)...*(p_n+p_n+3)\right)}{7*9*11*13*...*(p_n+3+3)}$$

Como la suma del último primo es: $p_n+p_n+3=2p_n+3$.

$$\frac{Pm3(n)}{Pi(n)} = \frac{(7)*(9)*(11*13)*(13*15*17)*(17*19*21*25)...*\left((p_n+6)*(p_n+8)*(p_n+10)*(p_n+14)*...*(2p_n+3)\right)}{7*9*11*13*...*(p_n+6)}.$$

$$\frac{Pm3(n)}{Pi(n)} = 13*17*...*(p_n+8)*(p_n+10)*(p_n+14)*...*(2p_n+3)$$

De donde se tiene que: $mod(PM3(n),Pi(n))=0$

Paso 3) Debemos mostrar que entonces es cierta para $n+1$.

$$\frac{Pm3(n+1)}{Pi(n+1)} = \frac{\prod_{j=1}^{n+1}\left(\prod_{i=1}^{n+1}\left(m_{ij}+3\right)\right)}{\prod_{k=2}^{\frac{p_{n+1}+3}{2}}(2k+3)} = \frac{\left(m_{1(n+1)}\,m_{2(n+1)}\,m_{3(n+1)}...m_{(n+1)(n+1)}\right)}{\left(2\frac{p_{n+1}+3}{2}+3\right)}\frac{\prod_{j=1}^{n}\left(\prod_{i=1}^{n}\left(m_{ij}+3\right)\right)}{\prod_{k=2}^{\frac{p_n+3}{2}}(2k+3)}$$

$$= \frac{\left(1*(p_2+p_{n+1}+3)*(p_3+p_{n+1}+3)*(p_4+p_{n+1}+3)*...*(p_{n+1}+p_{n+1}+3)\right)}{(p_{n+1}+3+3)}\frac{\prod_{j=1}^{n}\left(\prod_{i=1}^{n}\left(m_{ij}+3\right)\right)}{\prod_{k=2}^{\frac{p_n+3}{2}}(2k+3)}$$

$$= \frac{\left((3+p_{n+1}+3)*(5+p_{n+1}+3)*(7+p_{n+1}+3)*...*(p_{n+1}+p_{n+1}+3)\right)}{(p_{n+1}+6)}\frac{\prod_{j=1}^{n}\left(\prod_{i=1}^{n}\left(m_{ij}+3\right)\right)}{\prod_{k=2}^{\frac{p_n+3}{2}}(2k+3)}$$

Reduciendo términos.

$$\frac{Pm3(n+1)}{Pi(n+1)}$$

$$= \frac{\left((p_{n+1}+6)*(p_{n+1}+8)*(p_{n+1}+10)*(p_{n+1}+14)*...*(2p_{n+1}+3)\right)}{(p_{n+1}+6)}\frac{\prod_{j=1}^{n}\left(\prod_{i=1}^{n}\left(m_{ij}+3\right)\right)}{\prod_{k=2}^{\frac{p_n+3}{2}}(2k+3)}$$

$$= \left((p_{n+1}+8)*(p_{n+1}+10)*(p_{n+1}+14)*...*(2p_{n+1}+3)\right)\frac{\prod_{j=1}^{n}\left(\prod_{i=1}^{n}\left(m_{ij}+3\right)\right)}{\prod_{k=2}^{\frac{p_n+3}{2}}(2k+3)}$$

Como $\frac{Pm3(n)}{Pi(n)}\frac{\prod_{j=1}^{n}\left(\prod_{i=1}^{n}\left(m_{ij}+3\right)\right)}{\prod_{k=2}^{\frac{p_n+3}{2}}(2k+3)}$ es cierta por la hipótesis de inducción, se demuestra que:

$$mod(PM3(n+1),Pi(n+1))=0$$

Lo anterior demuestra la conjetura débil de Goldbach que dice que: **"todo número impar mayor que 5 puede escribirse como la suma de tres números primos"**.

Ejemplo de aplicación. Encontrar todos los números impares comprendidos entre 7 y 50, usando los números primos.

Solución: Primero encontramos los números primos comprendidos entre 2 y 50; estos son: 2, 3, 5, 7, 11, 13, 17, 19, 23, 29, 31, 37, 41, 43 y 47. De aquí que $n = 15$. Ahora se construirá la matriz que contiene todas las combinaciones de los números impares que se obtienen al sumar tres números primos mayores que 2 de la forma $px + py + 3$.

+	2	3	5	7	11	13	17	19	23	29	31	37	41	43	47
2	7	1	1	1	1	1	1	1	1	1	1	1	1	1	1
3	1	9	11	13	17	19	23	25	29	35	37	43	47	49	53
5	1	1	13	15	19	21	25	27	31	37	39	45	49	51	55
7	1	1	1	17	21	23	27	29	33	39	41	47	51	53	57
11	1	1	1	1	25	27	31	33	37	43	45	51	55	57	61
13	1	1	1	1	1	29	33	35	39	45	47	53	57	59	63
17	1	1	1	1	1	1	37	39	43	49	51	57	61	63	67
19	1	1	1	1	1	1	1	41	45	51	53	59	63	65	69
23	1	1	1	1	1	1	1	1	49	55	57	63	67	69	73
29	1	1	1	1	1	1	1	1	1	61	63	69	73	75	79
31	1	1	1	1	1	1	1	1	1	1	65	71	75	77	81
37	1	1	1	1	1	1	1	1	1	1	1	77	81	83	87
41	1	1	1	1	1	1	1	1	1	1	1	1	85	87	91
43	1	1	1	1	1	1	1	1	1	1	1	1	1	89	93
47	1	1	1	1	1	1	1	1	1	1	1	1	1	1	97

Para observar mejor los números impares generados comprendidos entre 4 a 50, realizamos los siguientes pasos: hacemos unos (1) a todos los elementos de la primera fila excepto el primer elemento que este caso es siete (7), como la matriz es simétrica, la parte triangular inferior de la matriz también se convierte en unos (1), por último, para toda suma de tres primos que sea mayor que el número impar máximo seleccionado, que este caso (53), se hace (1). Esto implica que:

+	2	3	5	7	11	13	17	19	23	29	31	37	41	43	47
2	7	1	1	1	1	1	1	1	1	1	1	1	1	1	1
3	1	9	11	13	17	19	23	25	29	35	37	43	47	49	53
5	1	1	13	15	19	21	25	27	31	37	39	45	49	51	1
7	1	1	1	17	21	23	27	29	33	39	41	47	51	53	1
11	1	1	1	1	25	27	31	33	37	43	45	51	1	1	1
13	1	1	1	1	1	29	33	35	39	45	47	53	1	1	1
17	1	1	1	1	1	1	37	39	43	49	51	1	1	1	1
19	1	1	1	1	1	1	1	41	45	51	53	1	1	1	1
23	1	1	1	1	1	1	1	1	49	1	1	1	1	1	1
29	1	1	1	1	1	1	1	1	1	1	1	1	1	1	1
31	1	1	1	1	1	1	1	1	1	1	1	1	1	1	1
37	1	1	1	1	1	1	1	1	1	1	1	1	1	1	1
41	1	1	1	1	1	1	1	1	1	1	1	1	1	1	1
43	1	1	1	1	1	1	1	1	1	1	1	1	1	1	1
47	1	1	1	1	1	1	1	1	1	1	1	1	1	1	1

La anterior matriz es la designada como la matriz (M3). Para apreciar y hacer seguimiento a los números impares, se trabajará de forma simbólica la matriz anterior, esto es:

+	2	3	5	7	11	13	17	19	23	29	31	37	41	43	47
2	a7	1	1	1	1	1	1	1	1	1	1	1	1	1	1
3	1	a9	a11	a13	a17	a19	a23	a25	a29	a35	a37	a43	a47	a49	a53
5	1	1	a13	a15	a19	a21	a25	a27	a31	a37	a39	a45	a49	a51	1
7	1	1	1	a17	a21	a23	a27	a29	a33	a39	a41	a47	a51	a53	1
11	1	1	1	1	a25	a27	a31	a33	a37	a43	a45	a51	1	1	1
13	1	1	1	1	1	a29	a33	a35	a39	a45	a47	a53	1	1	1
17	1	1	1	1	1	1	a37	a39	a43	a49	a51	1	1	1	1
19	1	1	1	1	1	1	1	a41	a45	a51	a53	1	1	1	1
23	1	1	1	1	1	1	1	1	a49	1	1	1	1	1	1
29	1	1	1	1	1	1	1	1	1	1	1	1	1	1	1
31	1	1	1	1	1	1	1	1	1	1	1	1	1	1	1
37	1	1	1	1	1	1	1	1	1	1	1	1	1	1	1
41	1	1	1	1	1	1	1	1	1	1	1	1	1	1	1
43	1	1	1	1	1	1	1	1	1	1	1	1	1	1	1
47	1	1	1	1	1	1	1	1	1	1	1	1	1	1	1

Se encuentran los productos de cada uno de los elementos de la matriz M3, tanto simbólicamente como numéricamente, esto es:

$$Pm3 = \prod_{j=1}^{15}\left(\prod_{i=1}^{15}(m_{ij})\right)$$

$$= a7 * a9 * a11 * a13^2 * a15 * a17^2 * a19^2 * a21^2 * a25^3 * a23^2 * a27^3 * a29^3 * a31^2$$
$$* a33^3 * a37^4 * a35^2 * a39^4 * a41^2 * a43^3 * a45^4 * a49^4 * a51^5 * a47^3 * a53^4$$

El resultado numéricamente es: $Pm3 = 5.2534 * 10^{94}$

A continuación, encontramos los números impares comprendidos entre 7 y 50, esto es:

Números impares $= \left\{ \begin{array}{l} 7, \ 9, \ 11, \ 13, \ 15, \ 17, \ 19, \ 21, \ 23, \ 25, \ 27, \ 29, \ 31, \ 33, \ 35, \ 37, \ 39, \\ 41, 43, 45, 47, 49, 51, 53 \end{array} \right\}$

Para hacerle seguimiento a estos números, los expresaremos en forma simbólica, esto es:

$$Números\ impares = a7, a9, a11, a13, a15, a17, a19, a21, a23, a25, a27, a29, a31, a33, a35,$$
$$a37, a39, a41, a43, a45, a47, a49, a51, a53$$

Para verificar que todos estos números pares están en la parte triangular superior de la matriz, realizamos el siguiente procedimiento: Calculamos el producto de todos estos números impares usando la representación simbólica, con el fin de observar el seguimiento de los números impares, es decir

$$Pi = \prod_{k=2}^{25}(2k+3) =$$

$$= a7 * a9 * a11 * a13 * a15 * a17 * a19 * a21 * a23 * a25 * a27 * a29 * a31 * a33 * a35$$
$$* a37 * a39 * a41 * a43 * a45 * a47 * a49 * a51 * a53$$

Si multiplicamos todos los números impares comprendidos entre 7 a 50 el resultado numérico es:
$$Pi = 1.0530 * 10^{34}$$

Para comprobar que todos los números impares comprendidos entre 7 y 50 están dentro de los impares generados al sumar tres números primos realizamos la división del producto de la matriz (*Pm3*) entre producto de todos los números impares obtenido anteriormente (*Pi*), esto es:

$$\frac{Pm3}{Pi} = \frac{\prod_{j=1}^{15}\left(\prod_{i=1}^{15}(m_{ij})\right)}{\prod_{k=3}^{24}(2k+1)} =$$
$$= a13 * a17 * a19 * a21 * a25^2 * a23 * a27^2 * a29^2 * a31 * a33^2 * a37^3 * a35 * a39^3$$
$$* a41 * a43^2 * a45^3 * a49^3 * a51^4 * a47^2 * a53^3$$

En la forma simbólica se puede observar que se simplifican todos los factores del denominador el cual es el producto de todos los números impares comprendidos desde 7 a 50. Lo que garantiza que el residuo de la división es cero. Ahora si se realiza el cálculo numéricamente no daría:

$$\frac{Pm3}{Pi} = \frac{5.2534 * 10^{94}}{1.0530 * 10^{34}} = 4.9889 * 10^{60}$$

El resultado que se obtiene es un número natural. Además, si calculamos la función modulo del producto de todos los números de la matriz triangular superior y del producto de los números impares menores que el número impar máximo, se obtiene residuo cero, esto es:

$$mod(Pm3, Pi) = 0$$

Lo que demuestra que: **"todo número impar mayor que 5 puede escribirse como la suma de tres números primos".**

CAPÍTULO IV

4. RESULTADOS DEL ANÁLISIS DE LA RELACIÓN DE LA SERIE ARMÓNICA Y LOS NÚMEROS PRIMOS

Se analizará la relación que existe entre la serie armónica y la sucesión geométrica formada por los números primos, esto es:

$$\zeta(s) = \sum_{n=1}^{\infty} \frac{1}{n^s} = \prod_{p \ primos} \frac{1}{1 - p^{-s}}$$

Con $s \geq 1$.

Para verificar esta relación es necesario tener en cuente los siguientes criterios:

Para la serie armónica se tiene que

$$\sum_{n=1}^{\infty} \frac{1}{n^s} = 1 + \frac{1}{2^s} + \frac{1}{3^s} + \frac{1}{4^s} + \frac{1}{5^s} + \frac{1}{6^s} \cdots$$

De la serie anterior se tomarán sumas parciales, de tal manera que cada uno de sus términos sea de la forma $\frac{1}{p^{ks}}$ con $k = 0, 1, 2, 3, \cdots$ y p un número primo.

Caso 1. Si $p = 2$, para ellos se tomarán los términos de la serie armónica de la forma:

$$a_2 = 1 + \frac{1}{2^s} + \frac{1}{2^{2s}} + \frac{1}{2^{3s}} + \frac{1}{2^{4s}} + \frac{1}{2^{5s}} + \cdots$$

Al analizar la sucesión geométrica, se puede observar que la razón es $r = \frac{1}{2}$. Sustituyendo en la serie anterior se tiene:

$$a_2 = 1 + r^s + r^{2s} + r^{3s} + r^{4s} + r^{5s} + \cdots$$

Multiplicando por r^s la sucesión a_2 se tiene que:

$$r^s a_2 = r^s(1 + r^s + r^{2s} + r^{3s} + r^{4s} + r^{5s} + \cdots) = r^s + r^{2s} + r^{3s} + r^{4s} + r^{5s} + \cdots$$

Al realizar la diferencia entre $a_2 - r^s a_2$

$$a_2 - r^s a_2 = (1 + r^s + r^{2s} + r^{3s} + r^{4s} + r^{5s} + \cdots) - (r^s + r^{2s} + r^{3s} + r^{4s} + r^{5s} + \cdots) = 1$$

$$a_2 - r^s a_2 = 1$$

$$a_2(1 - r^s) = 1$$

$$a_2 = \frac{1}{1 - r^s} = \frac{1}{1 - \left(\frac{1}{2}\right)^s} = \frac{1}{1 - 2^{-s}}$$

Caso 2. Si $p = 3$, lo que implica que se tomarán los términos de la serie armónica de la forma:

$$a_3 = 1 + \frac{1}{3^s} + \frac{1}{3^{2s}} + \frac{1}{3^{3s}} + \frac{1}{3^{4s}} + \frac{1}{3^{5s}} + \cdots$$

Al analizar la sucesión geométrica, se evidencia que la razón es $r = \frac{1}{3}$. Sustituyendo en la serie anterior se tiene que: $a_3 = 1 + r^s + r^{2s} + r^{3s} + r^{4s} + r^{5s} + \cdots$

Multiplicando por r^k la sucesión a_2 se tiene que:

$$r^s a_3 = r^s(1 + r^s + r^{2s} + r^{3s} + r^{4s} + r^{5s} + \cdots) = r^s + r^{2s} + r^{3s} + r^{4s} + r^{5s} + \cdots$$

Al realizar la diferencia entre $a_3 - r^2 a_3$

$$a_3 - r^s a_3 = (1 + r^s + r^{2s} + r^{3s} + r^{4s} + r^{5s} + \cdots) - (r^s + r^{2s} + r^{3s} + r^{4s} + r^{5s} + \cdots) = 1$$

$$a_3 - r^s a_3 = 1$$

$$a_3(1 - r^s) = 1$$

$$a_3 = \frac{1}{1 - r^s} = \frac{1}{1 - \left(\frac{1}{3}\right)^s} = \frac{1}{1 - 3^{-s}}$$

De igual forma se procede para los siguientes primos $5, 7, 11, \ldots$ al realizar el producto de cada una de estas series parciales se obtiene el siguiente resultado:

$$a_2 \, a_3 \, a_5 \ldots = \left(1 + \frac{1}{2^s} + \frac{1}{2^{2s}} + \frac{1}{2^{3s}} + \frac{1}{2^{4s}} + \frac{1}{2^{5s}} + \cdots\right)\left(1 + \frac{1}{3^s} + \frac{1}{3^{2s}} + \frac{1}{3^{3s}} + \frac{1}{3^{4s}} + \frac{1}{3^{5s}} + \cdots\right)$$

$$\left(1 + \frac{1}{5^s} + \frac{1}{5^{2s}} + \frac{1}{5^{3s}} + \frac{1}{5^{4s}} + \frac{1}{5^{5s}} + \cdots\right)$$

Con base en este resultado se tiene que

$$\sum_{n=1}^{\infty} \frac{1}{n^s} = 1 + \frac{1}{2^s} + \frac{1}{3^s} + \frac{1}{4^s} + \frac{1}{5^s} + \frac{1}{6^s} \cdots$$

$$= \left(1 + \frac{1}{2^s} + \frac{1}{2^{2s}} + \frac{1}{2^{3s}} + \frac{1}{2^{4s}} + \frac{1}{2^{5s}} + \cdots\right)\left(1 + \frac{1}{3^s} + \frac{1}{3^{2s}} + \frac{1}{3^{3s}} + \frac{1}{3^{4s}} + \frac{1}{3^{5s}} + \cdots\right)$$

$$\left(1 + \frac{1}{5^s} + \frac{1}{5^{2s}} + \frac{1}{5^{3s}} + \frac{1}{5^{4s}} + \frac{1}{5^{5s}} + \cdots\right)\left(1 + \frac{1}{7^s} + \frac{1}{7^{2s}} + \frac{1}{7^{3s}} + \frac{1}{7^{4s}} + \frac{1}{7^{5s}} + \cdots\right)$$

$$= \left(\frac{1}{1 - 2^{-s}}\right)\left(\frac{1}{1 - 3^{-s}}\right)\left(\frac{1}{1 - 5^{-s}}\right)\left(\frac{1}{1 - 7^{-s}}\right) \cdots \left(\frac{1}{1 - p^{-s}}\right) = \prod_{p \, primos} \frac{1}{1 - p^{-s}}$$

4.1 ANÁLISIS NUMÉRICO DE LA RELACIÓN DE LA SERIE ARMÓNICA Y LOS NÚMEROS PRIMOS

Para verificar la aproximación de la relación que existe entre la serie armónica y los primos, o serie armónica y la sucesión geométrica formada por los números primos, esto es:

$$\zeta(s) = \sum_{n=1}^{\infty} \frac{1}{n^s} = \prod_{p\ primos} \frac{1}{1 - p^{-s}}$$

Se diseñó e implemento un programa computacional para analizar el comportamiento de esta relación. Para lo cual se analizó para los primos comprendidos de 1-50, 1-100, 1-1000, 1-10000

4.1.1 Análisis de la relación para los números primos de 1 a 50

Caso 1. Tomando a s =2

En la siguiente tabla se muestran los resultados que se obtuvieron al aplicar la serie armónica $\zeta_a(s)$ a los números comprendidos de 1 a 50 esto es:

$$\zeta_a(s) = \sum_{n=1}^{50} \frac{1}{n^2} = 1 + \frac{1}{4} + \frac{1}{9} + \frac{1}{16} + \cdots = 1{,}625132734$$

En la tabla siguiente se detallan estos resultados:

Tabla 27. Resultados de la Serie armónica con n de 1 a50

n	$\frac{1}{n^2}$	n	$\frac{1}{n^2}$
1	1	26	0,00147929
2	0,25	27	0,00137174
3	0,11111111	28	0,00127551
4	0,0625	29	0,00118906
5	0,04	30	0,00111111
6	0,02777778	31	0,00104058
7	0,02040816	32	0,00097656
8	0,015625	33	0,00091827
9	0,01234568	34	0,00086505
10	0,01	35	0,00081633
11	0,00826446	36	0,0007716
12	0,00694444	37	0,00073046
13	0,00591716	38	0,00069252
14	0,00510204	39	0,00065746
15	0,00444444	40	0,000625
16	0,00390625	41	0,00059488
17	0,00346021	42	0,00056689
18	0,00308642	43	0,00054083
19	0,00277008	44	0,00051653
20	0,0025	45	0,00049383
21	0,00226757	46	0,00047259
22	0,00206612	47	0,00045269
23	0,00189036	48	0,00043403
24	0,00173611	49	0,00041649
25	0,0016	50	0,0004

Para analizar los resultados de la sucesión geométrica $\zeta_g(s)$ se procedió de la siguiente forma: Se identifican los primos de 1 a 50, este caso $p = \{2, 3, 5, 7, 11, 13, 17, 19, 23, 29, 31, 37, 41, 43, 47\}$, el valor de k equivale a la cantidad de primos en el intervalo analizado, esto es $k = 15$. Por ultimo se calculan los factores con sus respectivos términos usando la secesión geométrica.

$$\zeta_g(s) = \prod_{\substack{p= \, primos \, (1 \, a \, 50) \\ s=2}} \frac{1}{1 - p^{-s}}$$

$$= \left(\frac{1}{1 - 2^{-2}}\right)\left(\frac{1}{1 - 3^{-2}}\right)\left(\frac{1}{1 - 5^{-2}}\right)\left(\frac{1}{1 - 7^{-2}}\right) \cdots \left(\frac{1}{1 - 47^{-2}}\right) = 1{,}638567963$$

Los resultados de cada uno de los factores se detallan en la siguiente tabla:

Tabla 28. Resultados de la sucesión geométrica con n de 1 a 50 y s=2

Primos (p)	Factor: $\left(\frac{1}{1-p^{-2}}\right)$
2	1,333333333
3	1,125
5	1,041666667
7	1,020833333
11	1,008333333
13	1,005952381
17	1,003472222
19	1,002777778
23	1,001893939
29	1,001190476
31	1,001041667
37	1,000730994
41	1,000595238
43	1,000541126
47	1,000452899
$\displaystyle\prod_{\substack{p= \, primos \, (1 \, a \, 50) \\ s=2}} \frac{1}{1 - p^{-s}} =$	1,638567963

Cálculo del error absoluto entre la serie armónica y la sucesión geométrica:

$$Error \; abs = |\zeta_a(s) - \zeta_g(s)| = |1{,}625132734 - 1{,}638567963| = 1{,}343522909317 * 10^{-2}$$

Los resultados anteriores permiten apreciar el comportamiento de la serie armónica y la sucesión geométrica, cuyos valores fueron de 1,625132734 y 1,638567963 respectivamente, cometiendo un error absoluto de $1,343522909317 * 10^{-2}$, lo cual es un resultado con una aproximación del orden de 10^{-2} debido al tamaño de números primos en este intervalo analizado.

4.1.2 Análisis de la relación para los números primos de 1 a 50 hasta 10^8 con s en los reales de 2 a 10

En la siguiente tabla se muestran los resultados obtenidos de la serie armónica $\zeta_a(s)$ y de la sucesión geométrica $\zeta_g(s)$ cuando se analizaron los primos contenidos en los intervalos [1, 50], [1, 10^2], [1, 10^3], [1, 10^4], [1, 10^5], [1, 10^6], [1, 10^7] y de [1, 10^8], para estos intervalos la cantidad de primos presentes es de 15, 25, 168, 1229, 9592, 78498, 664579 y 5761455 respectivamente.

Tabla 29. Serie armónica y de la sucesión geométrica con n = [1 a 10^8] y s = 2

Valor de (s)	N: Naturales de 1 a n	Cantidad de primos (p)	$\zeta_a(s) = \sum_{n=1}^{N} \frac{1}{n^2}$	$\prod_{p=\text{primos de }(1\,a\,N)} \frac{1}{1-p^{-s}}$	$Error = \|\zeta_a(s) - \zeta_g(s)\|$
2	50	15	1,625132733621520000	1,638567963096210000	0,013435229474680600
	100	25	1,634983900184890000	1,641945196621110000	0,006961296436223560
	1000	168	1,643934566681560000	1,644725190238670000	0,000790623557109126
	10000	1229	1,644834071848060000	1,644917920746280000	0,000083848898218220
	100000	9592	1,644924066898240000	1,644932747202720000	0,000008680304486086
	1000000	78498	1,644933066848770000	1,644933955368620000	0,000000888519857689
	10000000	664579	1,644933966847260000	1,644934057269940000	0,000000090422686450
	100000000	5761455	1,644934057834570000	1,644934066712710000	0,000000008878138225

Tabla 30. Serie armónica y de la sucesión geométrica con n = [1 a 10^8] y s = 3

Valor de (s)	N: Naturales de 1 a n	Cantidad de primos (p)	$\zeta_a(s) = \sum_{n=1}^{N} \frac{1}{n^2}$	$\prod_{p=\text{primos de }(1\,a\,N)} \frac{1}{1-p^{-s}}$	$Error = \|\zeta_a(s) - \zeta_g(s)\|$
3	50	15	1,201860863164920000	1,202007482327810000	0,000146619162893602
	100	25	1,202007400659670000	1,202044712072420000	0,000037311412747876
	1000	168	1,202056403659340000	1,202056822248720000	0,000000418589377604
	10000	1229	1,202056898160090000	1,202056902544520000	0,000000004384424379
	100000	9592	1,202056903109730000	1,202056903155180000	0,000000000045451420
	1000000	78498	1,202056903150320000	1,202056903160410000	0,000000000010093926
	10000000	664579	1,202056903150320000	1,202056903160410000	0,000000000010093926
	100000000	5761455	1,202056903150320000	1,202056903160410000	0,000000000010093926

Tabla 31. Serie armónica y de la sucesión geométrica con n = [1 a 10^8] y s = 4

Valor de (s)	N: Naturales de 1 a n	Cantidad de primos (p)	$\zeta_a(s) = \sum_{n=1}^{N} \frac{1}{n^2}$	$\prod_{p=primos\ de\ (1\,a\,N)} \frac{1}{1-p^{-s}}$	$Error = \|\zeta_a(s) - \zeta_g(s)\|$
4	50	15	1,082320459978010000	1,082322636187010000	0,0000001990208996494
	100	25	1,082322905344470000	1,082323155328030000	0,0000000249983556744
	1000	168	1,082323233378300000	1,082323233661360000	0,000000000283063128
	10000	1229	1,082323233710860000	1,082323233711150000	0,000000000000294875
	100000	9592	1,082323233710860000	1,082323233711190000	0,000000000000331291
	1000000	78498	1,082323233710860000	1,082323233711190000	0,000000000000331291
	10000000	664579	1,082323233710860000	1,082323233711190000	0,000000000000331291
	100000000	5761455	1,082323233710860000	1,082323233711190000	0,000000000000331291

Tabla 32. Serie armónica y de la sucesión geométrica con n = [1 a 10^8] y s = 5

Valor de (s)	N: Naturales de 1 a n	Cantidad de primos (p)	$\zeta_a(s) = \sum_{n=1}^{N} \frac{1}{n^2}$	$\prod_{p=primos\ de\ (1\,a\,N)} \frac{1}{1-p^{-s}}$	$Error = \|\zeta_a(s) - \zeta_g(s)\|$
5	50	15	1,036927716716710000	1,036927746639610000	0,000000029922897937
	100	25	1,036927752692950000	1,036927754546870000	0,000000001853915021
	1000	168	1,036927755143120000	1,036927755143340000	0,000000000000219380
	10000	1229	1,036927755143330000	1,036927755143380000	0,000000000000043965
	100000	9592	1,036927755143330000	1,036927755143380000	0,000000000000043965
	1000000	78498	1,036927755143330000	1,036927755143380000	0,000000000000043965
	10000000	664579	1,036927755143330000	1,036927755143380000	0,000000000000043965
	100000000	5761455	1,036927755143330000	1,036927755143380000	0,000000000000043965

Tabla 33. Serie armónica y de la sucesión geométrica con n = [1 a 10^8] y s = 6

Valor de (s)	N: Naturales de 1 a n	Cantidad de primos (p)	$\zeta_a(s) = \sum_{n=1}^{N} \frac{1}{n^2}$	$\prod_{p=primos\ de\ (1\,a\,N)} \frac{1}{1-p^{-s}}$	$Error = \|\zeta_a(s) - \zeta_g(s)\|$
6	50	15	1,017343061375800000	1,017343061853270000	0,000000000477468509
	100	25	1,017343061964940000	1,017343061979510000	0,000000000014575008
	1000	168	1,017343061984440000	1,017343061984450000	0,000000000000011546
	10000	1229	1,017343061984440000	1,017343061984450000	0,000000000000011546
	100000	9592	1,017343061984440000	1,017343061984450000	0,000000000000011546
	1000000	78498	1,017343061984440000	1,017343061984450000	0,000000000000011546
	10000000	664579	1,017343061984440000	1,017343061984450000	0,000000000000011546
	100000000	5761455	1,017343061984440000	1,017343061984450000	0,000000000000011546

Tabla 34. Serie armónica y de la sucesión geométrica con n = [1 a 10^8] y s = 7

Valor de (s)	N: Naturales de 1 a n	Cantidad de primos (p)	$\zeta_a(s) = \sum_{n=1}^{N} \frac{1}{n^2}$	$\prod_{p=\,primos\,de\,(1\,a\,N)} \frac{1}{1-p^{-s}}$	$Error = \|\zeta_a(s) - \zeta_g(s)\|$
7	50	15	1,008349277371880000	1,008349277379800000	0,000000000007922329
	100	25	1,008349277381760000	1,008349277381880000	0,000000000000119682
	1000	168	1,008349277381920000	1,008349277381920000	0,000000000000003775
	10000	1229	1,008349277381920000	1,008349277381920000	0,000000000000003775
	100000	9592	1,008349277381920000	1,008349277381920000	0,000000000000003775
	1000000	78498	1,008349277381920000	1,008349277381920000	0,000000000000003775
	10000000	664579	1,008349277381920000	1,008349277381920000	0,000000000000003775
	100000000	5761455	1,008349277381920000	1,008349277381920000	0,000000000000003775

Tabla 35. Serie armónica y de la sucesión geométrica con n = [1 a 10^8] y s = 8

Valor de (s)	N: Naturales de 1 a n	Cantidad de primos (p)	$\zeta_a(s) = \sum_{n=1}^{N} \frac{1}{n^2}$	$\prod_{p=\,primos\,de\,(1\,a\,N)} \frac{1}{1-p^{-s}}$	$Error = \|\zeta_a(s) - \zeta_g(s)\|$
8	50	15	1,004077356197770000	1,004077356197910000	0,000000000000135891
	100	25	1,004077356197940000	1,004077356197940000	0,000000000000001998
	1000	168	1,004077356197940000	1,004077356197940000	0,000000000000002665
	10000	1229	1,004077356197940000	1,004077356197940000	0,000000000000002665
	100000	9592	1,004077356197940000	1,004077356197940000	0,000000000000002665
	1000000	78498	1,004077356197940000	1,004077356197940000	0,000000000000002665
	10000000	664579	1,004077356197940000	1,004077356197940000	0,000000000000002665
	100000000	5761455	1,004077356197940000	1,004077356197940000	0,000000000000002665

Tabla 36. Serie armónica y de la sucesión geométrica con n = [1 a 10^8] y s = 9

Valor de (s)	N: Naturales de 1 a n	Cantidad de primos (p)	$\zeta_a(s) = \sum_{n=1}^{N} \frac{1}{n^2}$	$\prod_{p=\,primos\,de\,(1\,a\,N)} \frac{1}{1-p^{-s}}$	$Error = \|\zeta_a(s) - \zeta_g(s)\|$
9	50	15	1,002008392826070000	1,002008392826080000	0,000000000000003109
	100	25	1,002008392826080000	1,002008392826080000	0,000000000000001554
	1000	168	1,002008392826080000	1,002008392826080000	0,000000000000001554
	10000	1229	1,002008392826080000	1,002008392826080000	0,000000000000001554
	100000	9592	1,002008392826080000	1,002008392826080000	0,000000000000001554
	1000000	78498	1,002008392826080000	1,002008392826080000	0,000000000000001554
	10000000	664579	1,002008392826080000	1,002008392826080000	0,000000000000001554
	100000000	5761455	1,002008392826080000	1,002008392826080000	0,000000000000001554

Tabla 37. Serie armónica y de la sucesión geométrica con n = [1 a 10^8] y s = 10

Valor de (s)	N: Naturales de 1 a n	Cantidad de primos (p)	$\zeta_a(s) = \sum_{n=1}^{N} \frac{1}{n^s}$	$\prod_{p=\,primos\,de\,(1\,a\,N)} \frac{1}{1-p^{-s}}$	$Error = |\zeta_a(s) - \zeta_g(s)|$
10	50	15	1,0009945751278100000	1,0009945751278100000	0,0000000000000000666
	100	25	1,0009945751278100000	1,0009945751278100000	0,0000000000000000666
	1000	168	1,0009945751278100000	1,0009945751278100000	0,0000000000000000666
	10000	1229	1,0009945751278100000	1,0009945751278100000	0,0000000000000000666
	100000	9592	1,0009945751278100000	1,0009945751278100000	0,0000000000000000666
	1000000	78498	1,0009945751278100000	1,0009945751278100000	0,0000000000000000666
	10000000	664579	1,0009945751278100000	1,0009945751278100000	0,0000000000000000666
	100000000	5761455	1,0009945751278100000	1,0009945751278100000	0,0000000000000000666

En las tablas anteriores se puede observar que a medida que s aumenta la serie armónica y la sucesión geométrica convergen al mismo valor, esto se puede evidenciar en para los $s = 8, 9$ y 10, en especial cuando $s \geq 10$, donde la convergencia de $\zeta_a(s)$ y de $\zeta_g(s)$ alcanzan el mismo valor en cualquier intervalo estudiado. Además, cuando se toma el valor de $s > 52$ la serie y la sucesión tienden a 1, esto es:

$$\zeta_a(s) = \sum_{n=1}^{\infty} \frac{1}{n^s} = 1 \quad para \ s > 52$$

$$\zeta_g(s) = \prod_{p=\,primos} \frac{1}{1-p^{-s}} = 1 \quad para \ s > 52$$

De donde se deduce que: $\zeta_a(s) = \zeta_g(s)$. La siguiente grafica ilustra el comportamiento de la serie y la sucesión cuando se tomas valores para s y un tamaño muy considerable n y p, es decir de n=100.000.000 y p = 5761455.

Grafica 7. Comportamiento de la serie armónica y de la sucesión geométrica

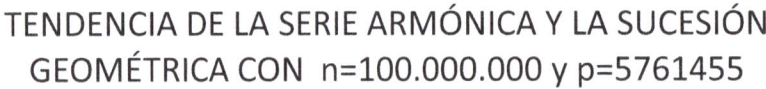

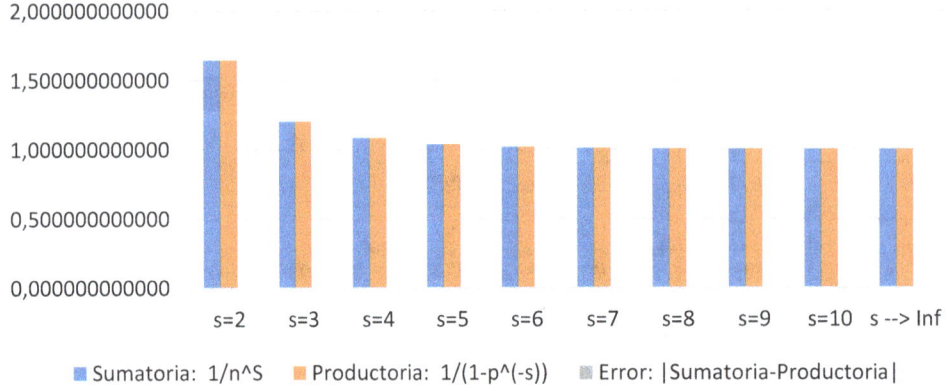

TENDENCIA DE LA SERIE ARMÓNICA Y LA SUCESIÓN GEOMÉTRICA CON n=100.000.000 y p=5761455

En la gráfica anterior se puede apreciar que los valores de serie armónica $\zeta_a(s)$ y de la sucesión geométrica $\zeta_g(s)$ tienden al mismo valor en cada uno de los casos analizados, esto es para s = 2, 3, 4, 5, 7, 8, 9, 10 e infinito. Observándose $\zeta_a(s)$ y $\zeta_g(s)$ tienden a 1 cuando se toma valores de. $s > 52$. El análisis anterior demuestra que existe una relación con mucha exactitud de la serie y la sucesión esto es $\zeta_a(s) = \zeta_g(s)$ lo que implica que:

$$\zeta(s) = \sum_{n=1}^{\infty} \frac{1}{n^s} = \prod_{p=\,primos} \frac{1}{1-p^{-s}} \quad con \; s \geq 2$$

Esta relación solucionó muchos problemas matemáticos como son:

Para s = 2. Se da solución al problema de problema de Basilea, el cual fue planteado por primera vez por Pietro Mengoli en 1650 [32], el cual fue resuelto en 1734 por Leonhard Euler, el cual problema pide calcular la suma de los recíprocos de los cuadrados de los números naturales, es decir:

$$\sum_{n=1}^{\infty} \frac{1}{n^2} = 1 + \frac{1}{2^2} + \frac{1}{3^2} + + \frac{1}{4^2} + \cdots$$

Euler encontró que la suma exacta es $\frac{\pi^2}{6} \cong 1.644934$, dicha solución la publicó en 1735. La cual viene dada por:

$$\zeta(s = 2) = \sum_{n=1}^{\infty} \frac{1}{n^2} = \frac{\pi^2}{6}$$

Para s = 3. Se calculo al constante de Roger Apéry, la cual se obtiene de sumar de los recíprocos de los cubos positivos. Es decir:

$$\zeta(s = 3) = \sum_{n=1}^{\infty} \frac{1}{n^3} = 1 + \frac{1}{2^3} + \frac{1}{3^3} + + \frac{1}{4^3} + \cdots = 1.2020569031 \ldots$$

Este problema había surgido de una serie obtenida en problemas de la física, incluidos los términos de segundo y tercer orden de la correspondencia giromagnética del electrón cuando se utiliza la electrodinámica cuántica [33].

Para $s \to \infty$. Si se analiza el límite cuando s tiende a infinito en el campo de los números reales se obtiene que $\zeta(s \to \infty) = 1$. Mientras que el campo de los complejos sobre la esfera de Riemann la función zeta se tiene una singularidad esencial.

4.1.3 Análisis de la relación para los números primos de 1 a 50, hasta 10^8 con s en los complejos

En la siguiente tabla se muestran los resultados obtenidos de la serie armónica $\zeta_a(s)$ y de la sucesión geométrica $\zeta_g(s)$ cuando se analizaron los primos contenidos en los intervalos [1, 50], [1, 10^2], [1, 10^3],

$[1, 10^4]$, $[1, 10^5]$, $[1, 10^6]$ y de $[1, 10^7]$, para estos intervalos la cantidad de primos presentes es de 15, 25, 168, 1229, 9592, 78498 y 664579 respectivamente. En las siguientes tablas se presentan algunos ejemplos y resultados de $\zeta_a(s)$ y $\zeta_g(s)$ cuando s toma valores en los números complejos.

Tabla 38. Serie armónica y de la sucesión geométrica con n de 1 a 10^7 y s = 2+2 i

Valor de (s)	N: Naturales de 1 a n	Cantidad de primos (p)	$\zeta_a(s) = \sum_{n=1}^{N} \frac{1}{n^2}$	$\prod_{p=\,primos\,de\,(1\,a\,N)} \frac{1}{1-p^{-s}}$	$Error = \|\zeta_a(s) - \zeta_g(s)\|$
2+2 i	50	15	8.752331345087734e-001 +2.710881992449559e-001i	8.691078445518470e-001 +2.747095981213336e-001i	7.115736566108465e-003
	100	25	8.701084863963451e-001 +2.786204694448485e-001i	8.677566635026806e-001 +2.758389578141884e-001i	3.642509831786594e-003
	1000	168	8.676682450385629e-001 +2.748115150738998e-001i	8.674001677430555e-001 +2.750984235787358e-001i	3.926600648319076e-004
	10000	1229	8.673170115769228e-001 +2.750991763279084e-001i	8.673493362680039e-001 +2.751237547004778e-001i	4.060766001201101e-005
	100000	9592	8.673494123327098e-001 +2.751310013129734e-001i	8.673515702526984e-001 +2.751274681892036e-001i	4.139997856287982e-006
	1000000	78498	8.673522295981390e-001 +2.751274388835177e-001i	8.673518510075403e-001 +2.751272584250132e-001i	4.193997058198409e-007
	10000000	664579	8.673518452475871e-001 +2.751271969038018e-001i	8.673518311477664e-001 +2.751272368157543e-001i	4.232929121684459e-008

Tabla 39. Serie armónica y de la sucesión geométrica con n de 1 a 10^7 y s = 3+2 i

Valor de (s)	N: Naturales de 1 a n	Cantidad de primos (p)	$\zeta_a(s) = \sum_{n=1}^{N} \frac{1}{n^2}$	$\prod_{p=\,primos\,de\,(1\,a\,N)} \frac{1}{1-p^{-s}}$	$Error = \|\zeta_a(s) - \zeta_g(s)\|$
3+3 i	50	15	9.731390143803034e-001 +1.475966037137370e-001i	9.730655594204580e-001 +1.476769005559072e-001i	1.088265316380998e-004
	100	25	9.730712213129342e-001 +1.477148046964655e-001i	9.730480000875382e-001 +1.476996711583229e-001i	2.771731021587691e-005
	1000	168	9.730421187204369e-001 +1.476952772617509e-001i	9.730419865557594e-001 +1.476955525313973e-001i	3.053536969453462e-007
	10000	1229	9.730419571061921e-001 +1.476955917662814e-001i	9.730419600968933e-001 +1.476955928302227e-001i	3.174313188657108e-009
	100000	9592	9.730419604101872e-001 +1.476955930347076e-001i	9.730419604178643e-001 +1.476955930032077e-001i	3.242191227749470e-011
	1000000	78498	9.730419604175897e-001 +1.476955929974949e-001i	9.730419604199082e-001 +1.476955930003597e-001i	3.685427434633967e-012
	10000000	664579	9.730419604175897e-001 +1.476955929974949e-001i	9.730419604199082e-001 +1.476955930003597e-001i	3.685427434633967e-012

Tabla 40. Serie armónica y de la sucesión geométrica con n de 1 a 10^7 y s = 3+3 i

Valor de (s)	N: Naturales de 1 a n	Cantidad de primos (p)	$\zeta_a(s) = \sum_{n=1}^{N} \frac{1}{n^z}$	$\prod_{p=\text{primos de }(1 \text{ a } N)} \frac{1}{1-p^{-s}}$	$Error = \|\zeta_a(s) - \zeta_g(s)\|$
3+3 i	50	15	9.042103226994898e-001 +8.070956881974348e-002i	9.042955825974166e-001 +8.072346224042146e-002i	8.638447390956248e-005
	100	25	9.043344588210993e-001 +8.070789853097872e-002i	9.043201775970992e-001 +8.072484543910284e-002i	2.216192802781519e-005
	1000	168	9.043175402093590e-001 +8.072923931805771e-002i	9.043173084628002e-001 +8.072930842087520e-002i	2.418298303827637e-007
	10000	1229	9.043172768181707e-001 +8.072931776774370e-002i	9.043172744473244e-001 +8.072931695013488e-002i	2.507866889808587e-009
	100000	9592	9.043172742190562e-001 +8.072931686665996e-002i	9.043172742046191e-001 +8.072931684574347e-002i	2.541515230659505e-011
	1000000	78498	9.043172742021702e-001 +8.072931684402589e-002i	9.043172742039043e-001 +8.072931684392844e-002i	1.736793405817412e-012
	10000000	664579	9.043172742021702e-001 +8.072931684402589e-002i	9.043172742039043e-001 +8.072931684392844e-002i	1.736793405817412e-012

Se puede verificar que la función zeta de Riemann $\zeta(s)$ está definida, para valores complejos con parte real mayor que uno. Además, se pudo evidenciar en las tablas anteriores que la serie armónica $\zeta_a(s)$ tiende a los mismos valores de la serie geométrica $\zeta_a(s)$ y que su equivalencia se hace más fuerte a medida que se incrementa la cantidad de enteros positivos en la serie y la cantidad de números primos en la sucesión geométrica.

CONCLUSIONES

El papel de los números primos en la vida común y académica es importante, sin su aplicación en los algoritmos criptográficos, se viviría en un caos e inseguridad digital, pues, gracias a ellos, se pueden realizar hoy en día las transacciones bancarias por la Internet o los pagos con tarjetas débitos o créditos. Lo especial de los números primos, es que estos construyen a los demás números, sin saber cómo se han construidos ellos. En cuanto a su distribución no existe un patrón a seguir, lo que lo hace caótica su predicción, aunque, con los ordenadores se pueden conseguir patrones o secuencias para un determinado conjunto finito de números. El tamaño o magnitud del número que se desea analizar por un ordenador está en función del número máximo con que fue diseñada la memoria interna del computador. Es por ello, que para saber si un número de gran tamaño es primo se requieren de computadores con capacidad de bites en la memoria para poder implementar los algoritmos matemáticos que verifican si el número es primo o no. Es importante resaltar que las teorías sobre los números primos realizadas por los matemáticos en tiempo donde no existía un computador siguen asombrando por su buena aproximación sobre los resultados que arrojan cuando se estudian los números primos.

En este trabajo también se presentó una demostración de la conjetura de Goldbach, tanto la fuerte como la débil. Esta contiene unos aportes valiosos para la solución de este problema tan interesante y para el estudio de los números primos, los cuales servirán para el desarrollo de investigaciones futuras sobre la teoría de números y sus aplicaciones. Para el análisis de la conjetura fuerte de Goldbach, se desarrolló una técnica basada en el análisis de una matriz que permite apreciar todas las combinaciones de los números pares que se obtienen de sumar dos números primos, así como la forma de verificar que se generan todos los números pares al sumar dos números primos.

Por su parte, la demostración de la conjetura débil de Goldbach se abordó de dos formas, en una de estas se hizo uso de la conjetura fuerte, la cual garantiza que la suma de dos primos mayores que dos genera un número par, lo que facilitó encontrar un número primo impar que sirviera como salto, de tal forma que al sumárselo al número par se obtiene un número impar. En la otra, se propone una nueva técnica para obtener los números impares a partir de tres números primos, lo que implicó la construcción de una matriz que contiene los números primos en dos de sus lados y dentro del él se encuentran los números pares generados por la suma de dos números primos más tres; esta matriz permite calcular el número de combinaciones que puede tener un número par o impar cuando se obtiene de la suma de dos o tres números primos.

En esta obra también se presenta una demostración y aplicación de la relación que existe entre la serie armónica dada por $\sum_{n=1}^{\infty} \frac{1}{n^s}$ y la sucesión geométrica $\prod_{p=\ primos} \frac{1}{1-p^{-k*s}}$, las cuales tienden al mismo valor a medida que n tiende a infinito y s tome valores mayores o iguales que dos. Esta relación tiene mucha importancia en la teoría de números, porque permite conocer más el comportamiento de los números primos, como es caso de su infinitud, análisis fundamentales en las investigaciones que se hagan sobre los números y sus aplicaciones.

Es importante resaltar que Euler evaluó la función zeta de Riemann en números enteros positivos. El primero de ellos, fue cuando s=2, es decir $\zeta(2)$, lo que proporcionó una solución al problema de Basilea. Mas tarde, en 1979 el honorable Roger Apéry demostró la irracionalidad de la serie cuando s = 3, esto es $\zeta(3)$. También se ha evaluado la función los enteros negativos, encontrados por Euler, los cuales son números racionales y juegan un papel significativo en la teoría de las formas modulares.

REFERENCIAS

[1] R. Jimenez, E. Gordillo y G. Rubiano, Teoría de Números para Principiantes, Bogotá: Universidad Nacional de Colombia, 2004.

[2] O. Trejos, «Determinación simple de un número primo aplicando programación funcional a través de Drscheme,» *Scientia et Technica,* vol. 19, nº 45, pp. 1-2, 2010.

[3] P. Bejarano, «Cual es el número primo más alto conocido,» [En línea]. Available: https://blogthinkbig.com/cual-es-el-numero-primo-mas-alto-conocido. [Último acceso: 15 07 2022].

[4] F. Chamizo, «Euler y la teoría de números,» [En línea]. Available: https://studylib.es/doc/6110539/euler-y-la-teor%C3%ADa-de-n%C3%BAmeros-1.-en-el-siglo-xviii. [Último acceso: 14 07 2022].

[5] D. Zagier, «Números Primos,» 1975. [En línea]. Available: http://mimosa.pntic.mec.es/jgomez53/matema/conocer/primos.htm. [Último acceso: 13 07 2022].

[6] «Números de Skewes,» [En línea]. Available: https://sites.google.com/site/pointlesslargenumberstuff/home/1/skewes. [Último acceso: 15 07 2022].

[7] Mathworks, «Matlab Lenguaje para computadores,» 1994-2022. [En línea]. Available: https://la.mathworks.com/. [Último acceso: 8 Julio 2021].

[8] J. Romero, S. Nieves y G. Mauricio, «Simulación y programación del sistema que rige el péndulo compuesto,» *Prospectiva,* vol. 18, nº 1, pp. 75-83, 2020.

[9] S. Barrios, HISTORIA DE LAS MATEMATICAS, España: THE GALOBART BOOKS, 2018.

[10] I. Stewart, Los grandes problemas matemáticos, España: Crítica, 2014.

[11] G. J y P. Sandoval, «Fractals and discrete dynamics associated to prime numbers,» *Chaos, Solitons and Fractals,* pp. 1-11, 2020.

[12] O. Me, «The genuine sieve of eratosthenes,» *J Funct Program,* pp. 95-106, 2009.

[13] H. Halberstam, «Sieve Methods,» *Dover Publications,* 2011.

[14] G. Andrews, «Number Theory,» *Dover Publications,* 1994.

[15] G. Iovane, «The distribution of prime numbers: the solution comes from dynamical processes and genetic algorithms,» *Chaos, Solitons & Fractals,* pp. 23-42, 2008.

[16] R. Liboff y M. Wong, «Quasi-chaotic property of the prime-number sequence,» *J Theor Phys,* pp. 3109-17, 1998.

[17] J. Romero, S. Nieves y R. Figueroa, «Análisis y Programación de los Números Primos,» *Prospectiva,* pp. 1-20, 2022.

[18] T. M. Apostol, Introduction to Analytic Number Theory, Barcelona: Springer, 2010.

[19] P. Ribenboim, The Little Book of Big Primes, Canada: Springer-Verlag Berlin Heidelberg GmbH , 1991.

[20] M. Piotr, «Binomial Coefficients, Roots of Unity and Powers of Prime,» *Bulletin of the Malaysian Mathematical Sciences Society,* p. :1489–1506, 2022.

[21] M. Chamberland y K. Dilcher, «A binomial sum related to Wolstenholme's theorem,» *J. Number Theory 129,* p. 2659–2672, 2009.

[22] C. Helou y G. Terjanian, «OnWolstenholme's theorem and its converse,» *J. Number Theory 128,* p. 475–499, 2008.

[23] R. McIntosh y E. Roettger, « A search for Fibonacci-Wieferich and Wolstenholme primes,» *Math. Comp. 76,* p. 2087–2094, 2007.

[24] Ø. Rødseth, «A note on primality tests for N = h · 2^n – 1,» *BIT Numer. Math. 34(3),* p. 451–454, 1994.

[25] D. Bailey, «Two p^3 variations of Lucas' theorem,» *J. Number Theory 35,* p. 208–215, 1990.

[26] K. Davis y W. Webb, «Lucas' theorem for prime powers,» *Eur. J. Combin 11,* p. 229–233, 1990.

[27] A. Granville, « Arithmetic properties of binomial coefficients. I. Binomial coefficients modulo prime,» *Organic mathematics (Burnady, BC, 1995),* pp. 253-276, 1997.

[28] R. Meštrovi´c, «A note on the congruence (np^k mp^k)= (m n) (mod p^r),» *Czechoslovak Math. J 62(1),* p. 59–65, 2012.

[29] J. Zhao, «Bernoulli numbers, Wolstenholme's theorem, and p^5 variations of Lucas' theorem,» *J. Number Theory 123,* pp. 18-26, 2007.

[30] R. Walpole, R. Myers, S. Myers y K. Ye, Probobilidad y Estadística Para Ingeniería y Ciencias, México: Pearson, 2012.

[31] Mathworks, «Matlab para computadores,» 9 01 2022. [En línea]. Available: https://la.mathworks.com/.

[32] R. Ayoub, «Euler y la función zeta,» *Amer. Matemáticas. Mensual,* vol. 81, nº 10, pp. 1067-1086, 1974.

[33] S. Plouffe, «The Project Gutenberg eBook of The Value of Zeta(3) to 1,000,000 places, by Simon Plouffe,» Project Gutenberg, 1 April 2001. [En línea]. Available: https://www.gutenberg.org/cache/epub/2583/pg2583.html. [Último acceso: 15 01 2023].